建筑施工图集应用系列丛书

11G101-2 平法图集应用百问
（现浇混凝土板式楼梯）

本书编委会　编

中国建筑工业出版社

图书在版编目(CIP)数据

11G101-2平法图集应用百问(现浇混凝土板式楼梯)/
本书编委会编.—北京:中国建筑工业出版社,2014.8
(建筑施工图集应用系列丛书)
ISBN 978-7-112-16631-2

Ⅰ.①1… Ⅱ.①本… Ⅲ.①楼梯-现浇混凝土施工-
问题解答 Ⅳ.①TU755.6-44

中国版本图书馆 CIP 数据核字(2014)第 057581 号

本书主要依据最新的规范、标准和制图规则进行编写,结合工程实际
应用,全面介绍了《11G101-2》图集应用的相关知识,并列举了大量实
例应用,内容丰富,实用性强。全书内容主要包括:11G101-2 图集基础
知识,一般楼梯构造技术,楼梯结构设计原理,现浇混凝土板式楼梯平法
识图、构造及计算,11G101-2 图集与 03G101-2 图集的不同之处。

本书作为介绍平法技术和钢筋计算的基础性、普及性读物,可供设计
人员、施工技术人员、工程监理人员、工程造价人员及钢筋工等参考使
用,也可以作为相关专业的教学辅导用书。

* * *

责任编辑:岳建光 张 磊
责任设计:张 虹
责任校对:陈晶晶 刘梦然

建筑施工图集应用系列丛书
11G101-2 平法图集应用百问
(现浇混凝土板式楼梯)
本书编委会 编

*

中国建筑工业出版社出版、发行(北京西郊百万庄)
各地新华书店、建筑书店经销
北京红光制版公司制版
北京富生印刷厂印刷

*

开本:787×1092 毫米 1/16 印张:11¼ 字数:274 千字
2014 年 11 月第一版 2014 年 11 月第一次印刷
定价:30.00 元
ISBN 978-7-112-16631-2
(25391)

本书编委会

主　编　上官子昌

参　编　王　丹　白雅君　冯雅楠　朱小乔

　　　　刘尽远　许　蒙　李　旭　李鸿宇

　　　　李慧娇　张光明　袁雪莹　聂　菁

　　　　崔珊珊　舒　蕊　路焕英　潘　妍

前　言

随着我国国民经济持续、快速、健康发展，钢筋作为建筑工程的主要工程材料，以其优越的材料特性，成为大型建筑首选的结构形式，这就使得钢筋在建筑结构中的应用比例越来越高，而高质量的钢筋算量是实现快速、经济、合理施工的重要条件。

钢筋识图与算量工作是贯穿工程建设过程中确定钢筋用量及造价的重要环节，是一项技术含量高的工作。目前，平法钢筋技术发展迅速，涌现出很多新方法、新工艺，但钢筋翻样仍未形成一套完整的理论体系，而从事钢筋工程的设计人员、施工人员，对于钢筋算量理论知识的掌握水平以及方法技巧的运用能力等仍有待提高。为了满足钢筋工程技术人员与其他相关人员的需要，我们依据最新的规范、标准和制图规则等，编写了本书。

本书从 11G101-2 图集基础知识讲起，将楼梯构造逐步分解介绍，从构造技术、设计原理到现浇混凝土板式楼梯平法识图、构造及计算，方便读者全方位了解 11G101-2 图集相关知识。本书可供设计人员、施工技术人员、工程监理人员、工程造价人员及钢筋工等参考使用，也可以作为相关专业的教学辅导用书。

本书在编写过程中参阅和借鉴了许多优秀书籍、图集和有关国家标准，并得到了有关领导和专家的帮助，在此一并致谢。由于作者的学识和经验有限，虽经编者尽心尽力，但书中仍难免存在疏漏或未尽之处，敬请有关专家和读者予以批评指正。如您对本书有什么意见、建议或您有图书出版的意愿、想法、欢迎发邮件至 289052980@qq. com 交流沟通！

目　录

第1章 11G101-2图集基础知识

1 11G101图集有哪些基本要求?

(1) 11G101图集根据住房和城乡建设部建质函〔2011〕82号《关于印发〈二○一一年国家建筑标准设计编制工作计划〉的通知》进行编制。

(2) 11G101图集是混凝土结构施工图采用建筑结构施工图平面整体设计方法的国家建筑标准设计图集。

平法的表达形式,概括来讲,是把结构构件的尺寸和配筋等,按照平面整体表示方法制图规则,整体直接表达在各类构件的结构平面布置图上,再与标准构造详图相配合,即构成一套完整的结构设计。平法系列图集包括:

1) 11G101-1《混凝土结构施工图平面整体表示方法制图规则和构造详图(现浇混凝土框架、剪力墙、梁、板)》。

2) 11G101-2《混凝土结构施工图平面整体表示方法制图规则和构造详图(现浇混凝土板式楼梯)》。

3) 11G101-3《混凝土结构施工图平面整体表示方法制图规则和构造详图(独立基础、条形基础、筏形基础及桩基承台)》。

(3) 11G101图集标准构造详图的主要设计依据

《混凝土结构设计规范》(GB 50010—2010)。

《建筑抗震设计规范》(GB 50011—2010)。

《建筑地基基础设计规范》(GB 50007—2011)。

《高层建筑混凝土结构技术规程》(JGJ 3—2010)。

《建筑桩基技术规范》(JGJ 94—2008)。

《地下工程防水技术规范》(GB 50108—2008)。

《建筑结构制图标准》(GB/T 50105—2010)。

(4) 11G101图集的制图规则,既是设计者完成平法施工图的依据,也是施工、监理人员准确理解和实施平法施工图的依据。

(5) 11G101图集中未包括的构造详图,以及其他未尽事项,应在具体设计中由设计者另行设计。

(6) 当具体工程设计需要对图集的标准构造详图做某些变更,设计者应提供相应的变更内容。

(7) 11G101图集构造节点详图中的钢筋,部分采用深红色线条表示。

(8) 11G101图集的尺寸以毫米为单位,标高以米为单位。

2 11G101-2 图集是由哪些内容组成的？

11G101-2 图集的应用——板式楼梯   表 1-1

板式楼梯	制图规则	施工图表示方法	
		楼梯类型	
		平面注写方式	
		剖面注写方式	
		列表注写方式	
		其他	
		AT、BT 型楼梯截面形状与支座位置示意图	
		CT、DT 型楼梯截面形状与支座位置示意图	
		ET、FT 型楼梯截面形状与支座位置示意图	
		GT、HT 型楼梯截面形状与支座位置示意图	
		ATa、ATb、ATc 型楼梯截面形状与支座位置示意图	
	标准构造详图	钢筋混凝土板式楼梯平面图	AT 型楼梯平面图
			BT 型楼梯平面图
			CT 型楼梯平面图
			DT 型楼梯平面图
			ET 型楼梯平面图
			FT 型楼梯平面图
			GT 型楼梯平面图
			HT 型楼梯平面图
			ATa 型楼梯平面图
			ATb 型楼梯平面图
			ATc 型楼梯平面图
		钢筋混凝土板式楼梯钢筋构造	AT 型楼梯板配筋构造
			BT 型楼梯板配筋构造
			CT 型楼梯板配筋构造
			DT 型楼梯板配筋构造
			ET 型楼梯板配筋构造
			FT 型楼梯配筋构造
			GT 型楼梯配筋构造
			HT 型楼梯配筋构造
			ATa 型楼梯板配筋构造
			ATb 型楼梯板配筋构造
			ATc 型楼梯板配筋构造

3 平面整体表示方法制图规则有哪些?

(1) 为了规范使用建筑结构施工图平面整体设计方法,保证按平法设计绘制的结构施工图实现全国统一,确保设计、施工质量,特制定本制图规则。

(2) 11G101-2 图集制图规则适用于现浇混凝土板式楼梯。

(3) 当采用本制图规则时,除遵守 11G101-2 图集有关规定外,还应符合国家现行相关标准。

(4) 按平法设计绘制的楼梯施工图,一般是由楼梯的平法施工图和标准构造详图两大部分构成。

(5) 梯板的平法注写方式包括平面注写、剖面注写和列表注写三种。平台板、梯梁及梯柱的平法注写方式参见国家建筑标准设计图集 11G101-1《混凝土结构施工图平面整体表示方法制图规则和构造详图(现浇混凝土框架、剪力墙、梁、板)》。

(6) 按平法设计绘制结构施工图时,应当用表格或其他方式注明包括地下和地上各层的结构层楼(地)面标高、结构层高及相应的结构层号。

其结构层楼面标高和结构层高在单项工程中对应关系必须一致,以保证基础、柱与墙、梁、板等用同一标准竖向定位。为施工方便,应将统一的结构层楼面标高和结构层高分别放在柱、墙、梁等各类构件的平法施工图中。

注:结构层楼面标高系将建筑图中的各层地面和楼面标高值扣除建筑面层及垫层做法厚度后的标高,结构层号应与建筑楼层号对应一致。

(7) 按平法设计绘制结构施工图时,应将所有构件进行编号,构件编号中含有类型代号和序号等,其中类型代号的主要作用是指明所选用的标准构造详图;在标准构造详图上,已经按照其所属梯板类型注明代号,以明确该详图与施工图中相同构件的互补关系,使两者结合构成完整的结构设计施工图。

(8) 为了确保施工人员准确无误地按平法施工图施工,在具体工程的结构设计总说明中必须写明以下与平法施工图密切相关的内容:

1) 注明所选用平法标准图的图集号(如图集号为 11G101-2),以免图集升版后在施工中用错版本。

2) 注明楼梯所选用的混凝土强度等级和钢筋级别,以确定相应受拉钢筋的最小锚固长度及最小搭接长度等。

当采用机械锚固形式时,设计者应指定机械锚固的具体形式、必要的构件尺寸以及质量要求。

3) 注明楼梯所处的环境类别。

4) 当选用 ATa、ATb 或 ATc 型楼梯时,设计者应根据具体工程情况给出楼梯的抗震等级。

5) 当标准构造详图有多种可选择的构造做法时,写明在何部位选用何种构造做法。

梯板上部纵向钢筋在端支座的锚固要求,11G101-2 图集标准构造详图中规定:当设计按铰接时,平直段伸至端支座对边后弯折,且平直段长度不小于 $0.35l_{ab}$,弯折段长度 15d(d 为纵向钢筋直径);当充分利用钢筋的抗拉强度时,直段伸至端支座对边后弯折,且平直段长度不小于 $0.6l_{ab}$，弯折段长度 $15d$。设计者应在平法施工图中注明采用何种构造，当多数采用同种构造时可在图注中写明，并将少数不同之处在图中注明。

　　6）当选用 ATa 或 ATb 型楼梯时，应指定滑动支座的做法。当采用与 11G101-2 图集不同的构造做法时，由设计者另行处理。

　　7）11G101-2 图集不包括楼梯与栏杆连接的预埋件详图，设计中应提示楼梯与栏杆连接的预埋件详见建筑设计图或相应的国家建筑标准设计图集。

　　8）当具体工程需要对 11G101-2 图集的标准构造详图作某些变更时，应注明变更的具体内容。

　　9）当具体工程中有特殊要求时，应在施工图中另加说明。

　　（9）钢筋的混凝土保护层厚度、钢筋搭接和锚固长度，除在结构施工图中另有注明者外，均按 11G101-2 图集标准构造详图中的有关构造规定执行。

　　（10）11G101-2 图集所有梯板踏步段的侧边均与侧墙相挨但不相连。当梯板踏步段与侧墙设计为相连或嵌入时，不论其侧墙为混凝土结构或砌体结构，均由设计者另行设计。

4　平法图集与其他标准图集有什么不同？

　　以往接触的大量标准图集，都是"构件类"标准图集，如：预制平板图集、薄腹梁图集、梯形屋架图集、大型屋面板图集，图集对每一个"图号"（即一个具体的构件），除了明示其工程做法以外，还都给出了明确的工程量（混凝土体积、各种钢筋的用量和预埋件的用量等）。

　　然而，平法图集不是"构件类"标准图集，它不是讲某一类构件，它讲的是混凝土结构施工图平面整体表示方法，也就是"平法"。

　　平法的实质，是把结构设计师的创造性劳动与重复性劳动区分开来。一方面，把结构设计中的重复性部分，做成标准化的节点构造；另一方面，把结构设计中的创造性部分，使用标准化的设计表示法——"平法"来进行设计，从而达到简化设计的目的。

　　所以，看每一本平法标准图集，有一半的篇幅是讲平法的标准设计规则，另一半的篇幅是讲标准的节点构造。

　　使用平法设计施工图以后，结构设计工作大大简化了，图纸也大大减少了，设计的速度加快了，改革的目的达到了。但是，给施工和预算带来了麻烦。以前的图纸有构件的大样图和钢筋表，照表下料、按图绑扎就可以完成施工任务。钢筋表还给出了钢筋质量的汇总数值，做工程预算是很方便的。但现在整个构件的大样图要根据施工图上的平法标注，结合标准图集给出的节点构造去进行想象，钢筋表更是要自己努力去把每根钢筋的形状和尺寸逐一计算出来。可是一个普通工程也有几千种钢筋，显然，采用手工计算来处理上述工作是极端麻烦的。

　　于是，系统分析师和软件工程师共同努力，研究出"平法钢筋自动计算软件"，用户只需要在"结构平面图"上按平法进行标注，就能够自动计算出工程钢筋表来。但是，光靠软件是不够的，计算机软件不能完全取代人的作用，使用软件的人也要看懂平法施工图纸、熟悉平法的基本技术。

5 做好平法钢筋计算需要具备哪些基本功？

建筑工程预算是一门技术经济类型的专业，不但要掌握经济计算方面的知识，而且要掌握建筑工程专业技术知识，对于平法钢筋计算来说，更加要掌握建筑工程结构方面的知识。

建筑工程结构方面的知识包括钢筋混凝土结构的基本知识、《混凝土结构设计规范》（GB 50010—2010）和《高层建筑混凝土结构技术规程》（JGJ 3—2010）的有关知识、《建筑抗震设计规范》（GB 50011—2010）的相关知识和施工验收规范的相关知识。标准图集都要执行有关规范，因为一切标准图集都是依据相关规范设计出来的。标准图集不是万能的，工程中经常遇到一些问题是标准图集中找不到的，这些问题就需要根据其他相关知识来寻求解决方法。

施工员和预算员要懂得一些建筑结构方面的知识和钢筋混凝土结构方面的知识。把这些知识和平法技术结合起来，才能够正确理解平法技术的本质，正确掌握钢筋在混凝土结构中的位置和作用，从而掌握根据平法施工图进行钢筋翻样和钢筋计算的基本方法。

以上这些知识最后要落实到施工图上。无论做预算还是施工都离不开施工图，因此，建筑制图和识图也是施工员和预算员的一项基本功。

预算员在经济计算方面的基本知识就是要掌握定额，掌握定额中对钢筋的分类要求，以及钢筋工程量的计算规则等。不同时期的定额对工程量有不同的要求。例如在以前的定额中，是把图纸的钢筋工程量加上损耗系数作为定额工程量的；但是，从 2000 年定额开始的现行定额中，则把图纸的钢筋工程量直接作为定额工程量，而把钢筋的损耗量包含在定额消耗量中。

预算员还要熟悉施工的过程，尤其是熟悉施工组织设计对钢筋混凝土构件和钢筋配置的具体要求，这些对于钢筋工程量的计算也是必须具备的知识。例如，预算员们十分关注工程中钢筋是"绑扎搭接连接"还是"机械连接"（或"对焊连接"），这可能由设计师在施工图中规定下来，也可能在施工组织设计中加以明确规定，这些规定是甲乙双方达成一致的结果。

6 钢筋有哪些分类方式？

1. 按钢筋在构件中的作用分类
钢筋按其在构件中的作用可分为受力钢筋和构造钢筋。

（1）受力钢筋

受力钢筋是指在外荷载作用下，通过计算得出构件所需配置的钢筋，包括受拉钢筋、受压钢筋、弯起钢筋等。

（2）构造钢筋

构造钢筋是指因构件的构造要求和施工安装需要而配置的钢筋，包括架立钢筋、分布钢筋、箍筋、腰筋及拉筋等。

2. 按钢筋的外形分类

（1）光圆钢筋

光圆钢筋是指表面光滑而截面为圆形的钢筋，如图 1-1 所示。

（2）带肋钢筋

带肋钢筋是指在钢筋表面轧制有一定纹路的钢筋，它又可分为月牙肋钢筋和等高肋钢筋等。图 1-2 所示为月牙肋钢筋。

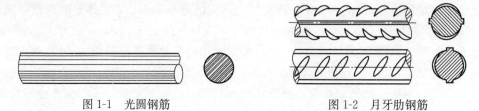

图 1-1　光圆钢筋　　　　　　　　　　图 1-2　月牙肋钢筋

（3）钢丝

钢丝是指直径在 5mm 以下的钢筋。图 1-3 所示为预应力钢丝外形。

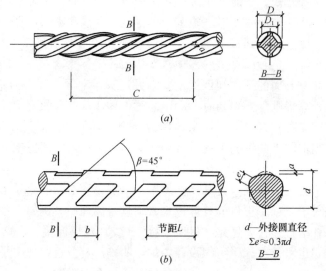

图 1-3　预应力钢丝外形

（a）螺旋肋钢丝；（b）刻痕钢丝

（4）钢绞线

钢绞线是由多根钢丝绞绕而成的钢丝束。

3. 按钢筋的化学成分分类

（1）低碳素钢钢筋

它是工程中常用的钢筋，由碳素钢轧制而成，含碳量小于 0.25%。如建筑工程中用的光圆钢筋、螺纹钢筋都是由碳素钢轧制而成。

（2）普通低合金钢钢筋

普通低合金钢钢筋是采用低合金钢轧制而成的，也是建筑工程中常用的钢筋。常用的普通低合金钢品种有 20 锰硅（20MnSi）、45 硅 2 锰（45Si2Mn）、45 硅锰钒（45SiMnV）等。

4. 按钢筋的生产工艺分类

（1）普通热轧钢筋

普通热轧钢筋是经热轧成型并经自然冷却后得到的，这类钢筋主要用做钢筋混凝土结构中的钢筋和预应力混凝土结构中的非预应力钢筋。

热轧钢筋的出厂产品有圆盘钢筋和直条钢筋之分。圆盘钢筋（又称盘条）以圆盘形式供给，直径通常在12mm以下，每盘即一条。直条钢筋通常直径大于或等于12mm，长度一般在6～12m之间。

（2）冷拉钢筋

为了提高钢筋的强度和节约钢材，工地上常按施工规程要求的一定冷拉应力或冷拉率，对热轧钢筋进行冷拉。冷拉钢筋应符合相应规定，冷拉后不得有裂纹、起皮等现象。

（3）冷轧带肋钢筋

冷轧带肋钢筋是指热轧圆盘条经冷轧减径后，在其表面轧成两面或三面有肋的钢筋，其外形如图1-4所示。

图1-4　冷轧带肋钢筋外形

国家标准《冷轧带肋钢筋》GB 13788—2008规定，冷轧带肋钢筋的牌号由符号CRB（C表示冷轧，R表示带肋，B表示钢筋）和钢筋抗拉强度最小值组成。

冷轧带肋钢筋将逐步取代冷拔低碳钢丝和冷拉钢筋。其中CRB550级钢筋宜做钢筋混凝土构件的受力钢筋、架立钢筋和构造钢筋，其公称直径范围为4～12mm，通常以盘条供货，也可以直条供货。CRB650级及以上牌号为预应力混凝土用钢筋，其公称直径为4mm、5mm和6mm，均以盘条供货。

7　各类普通热轧钢筋的牌号表示方法是什么？牌号中各符号的含义各是什么？

普通热轧钢筋按外形分为热轧光圆钢筋和热轧带肋钢筋。

（1）根据《钢筋混凝土用钢　第1部分：热轧光圆钢筋》GB 1499.1—2008的规定，热轧光圆钢筋常用的牌号及含义、力学性能及工艺性能如表1-2和表1-3所示。

热轧光圆钢筋常用的牌号及含义　　　　　　　　　　　表1-2

产品名称	牌　号	牌号构成	英文字母含义
热轧光圆钢筋	HPB235	由HPB+屈服强度特征值组成	HPB—热轧光圆钢筋的英文缩写 H—热轧 P—光圆 B—钢筋
	HPB300		

热轧光圆钢筋的力学性能及工艺性能　　　　　　　　　表1-3

牌　号	屈服强度 R_{eL} /MPa	抗拉强度 R_m /MPa	断后伸长率 A/%	最大力总伸长率 A_{gt}/%	冷弯试验180° d—弯心直径 a—钢筋公称直径
	不小于				
HPB235	235	370	25	10	$d=a$
HPB300	300	420			

（2）根据《钢筋混凝土用钢 第 2 部分：热轧带肋钢筋》GB 1499.2—2007 的规定，热轧带肋钢筋常用的牌号及含义、力学性能及工艺性能如表 1-4～表 1-6 所示。

有较高要求的抗震结构适用牌号为：在表 1-4 中已有牌号后加 E（例如：HRB400E、HRBF400E）的钢筋。该类钢筋除应满足以下要求外，其他要求与相应的已有牌号钢筋相同。

1）钢筋的实测抗拉强度与实测屈服强度之比不小于 1.25。

2）钢筋的实测屈服强度与表 1-5 规定的屈服强度特征值之比不大于 1.30。

3）钢筋的最大力总伸长率不小于 9%。

热轧带肋钢筋常用的牌号及含义　　　　　　　表 1-4

类　别	牌　号	牌号构成	英文字母含义
普通热轧钢筋	HRB335	由 HRB＋屈服强度特征值组成	HRB—热轧带肋钢筋的英文缩写 H—热轧 R—带肋 B—钢筋
	HRB400		
	HRB500		
细晶粒热轧钢筋	HRBF335	由 HRBF＋屈服强度特征值组成	HRBF—细晶粒热轧带肋钢筋的英文缩写 F—细晶粒
	HRBF400		
	HRBF500		

热轧带肋钢筋的力学性能　　　　　　　表 1-5

牌号 （牌号标志）	屈服强度 R_{eL} /MPa	抗拉强度 R_m /MPa	断后伸长率 A /%	最大力总伸长率 A_{gt} %
	不小于			
HRB335（3） HRBF335（C3）	335	455	17	7.5
HRB400（4） HRBF400（C4）	400	540	16	
HRB500（5） HRBF500（C5）	500	630	15	

热轧带肋钢筋的工艺性能　　　　　　　表 1-6

牌　号	公称直径 d/mm	弯芯直径/mm
HRB335 HRBF335	6～25	3d
	28～40	4d
	＞40～50	5d
HRB400 HRBF400	6～25	4d
	28～40	5d
	＞40～50	6d
HRB500 HRBF500	6～25	6d
	28～40	7d
	＞40～50	8d

8 光圆钢筋的出厂铭牌包括哪些内容?

光圆钢筋一般是以盘条出厂，直径一般在 12mm 以下，如图 1-5 所示。

图 1-5 光圆钢筋

图 1-6 光圆钢筋出厂铭牌

出厂时应配有某钢铁公司的出厂说明铭牌，如图 1-6 所示。一般包括：

(1) 出厂钢铁公司的名称。

(2) 产品名称，如热轧光圆钢筋。

(3) 执行标准，如 GB 1499.1—2008。

(4) 牌号/规格，如 HPB235/φ6.5mm。

(5) 批次号，如 9D05483AA0。

(6) 卷号或盘号，如 8。

(7) 质量，如 1982kg。

(8) 日期/班次，如 2009-5-6　2 班。

有的出厂说明还包括生产许可证号和该钢筋的化学成分。

9 如何进行带肋钢筋表面标志的鉴别?

带肋钢筋表面轧有相应标志，供使用者鉴别，标志由 5 个部分组成，如图 1-7 所示。

(1) 第一部分字母表达钢种：无字母表示普通热轧钢筋；C 表示细晶粒热轧钢筋；KL 表示余热处理钢筋。

图 1-7 带肋钢筋表面标志

注：钢筋上的"4"表示 HRB400；"TH"表示产地为通化，"25"表示直径为 25mm。

(2) 第二部分阿拉伯数字表达强度等级。

(3) 第三部分字母 E 表达抗震钢筋，无字母表示非抗震钢筋。

(4) 第四部分是生产厂厂标。

(5) 第五部分一组数字为公称直径，用以"mm"为单位的阿拉伯数字表示，直径 12mm 以下的细钢筋不标示直径。

例如：3、4、5 分别表示牌号为 HRB335、HRB400、HRB500 的普通热轧钢筋，3E、4E、5E 分别表示牌号为 HRB335E、HRB400E、HRB500E 的抗震钢筋，C3、C4、C5 分

别表示牌号为 HRBF335、HRBF400、HRBF500 的细晶粒热轧钢筋，K4 表示牌号为 RRB400 的余热处理钢筋。

10 钢筋保管需要注意哪些事项？

钢筋运到施工场地后，应进行合理的存放和保管，避免混淆和锈蚀。在钢筋存放和保管中通常应做好以下几项工作：

（1）挂牌。严格按批次、规格、牌号、直径、长度挂牌分别存放，并注明数量。钢筋成品按工程名称、构件名称和编号顺序存放。

（2）选择合适的存放场所。钢筋一般应入库存放或入棚存放。条件不具备时，应选择地势较高、通风干燥、地面平坦的露天场地堆放。钢筋垛底应垫高 200mm 以上，同时保持料场清洁。

（3）钢筋堆垛之间应留出通道以利于查找、运送和存放。

（4）加强防护措施，要避免钢筋接触酸、盐、油等腐蚀性介质，堆放钢筋附近不能有有害气体源，防止钢筋锈蚀。

（5）设专人管理，建立严格的验收、保管、领取制度。

11 钢筋的连接方法有哪些？

目前，工程上钢筋连接的方法包括绑扎搭接、焊接连接和机械连接。

绑扎搭接是一种传统的钢筋连接技术，是人工采用绑扎铁丝按照一定的方式将两段钢筋连成一个整体的连接方法。它工艺简单，但劳动强度大，功效低，钢材耗用量大。除轴心受拉、小偏心受拉杆件和直径大于 28mm 的钢筋之外，当施工需要时都可以采用。

焊接连接现在在钢筋工程中被广泛采用，焊接的钢筋网和骨架具有刚度好、接头质量高等优点。采用焊接方法还可以利用钢筋的短头余料，节省钢筋。目前工程中常用的钢筋焊接方法有：钢筋电阻点焊、钢筋闪光对焊、钢筋电弧焊、钢筋电渣压力焊、钢筋气压焊等。不同的焊接方法分别有其适应性，在选用时应考虑钢筋所处的部位、作用及品种规格，同时还要考虑钢材的可焊性。

钢筋机械连接技术是通过钢筋与连接件的机械咬合作用或钢筋端面的承压作用，将一根钢筋的力传递至另一根钢筋的连接方法。

12 绑扎连接搭接长度如何确定？

纵向受拉钢筋绑扎接头的搭接长度应根据位于同一连接区段内的钢筋搭接接头面积百分率来确定，按下列公式计算：

$$l_l = \zeta l_a \tag{1-1}$$

$$l_{lE} = \zeta l_{aE} \tag{1-2}$$

式中　l_l——纵向受拉钢筋的搭接长度；

　　　l_{lE}——纵向受拉钢筋抗震搭接长度；

l_a——纵向受拉钢筋的锚固长度；

l_{aE}——纵向受拉钢筋抗震搭接的锚固长度。

表 1-7 所示为纵向受拉钢筋搭接长度修正系数。

纵向受拉钢筋搭接长度修正系数   表 1-7

纵向钢筋搭接接头面积百分率%	≤25	50	100
ζ	1.20	1.40	1.60

绑扎搭接接头的搭接长度也可按表 1-8 取值或按相应条件调整后取用。

纵向受拉钢筋最小绑扎搭接长度（mm）   表 1-8

钢筋类型		混凝土强度等级			
		C15	C20～C25	C30～C35	≥C40
光圆钢筋	HPB235 级	45d	35d	30d	25d
带肋钢筋	HRB335 级	55d	45d	35d	30d
	HRB400 级 RRB400 级	—	55d	40d	35d

注：两根直径不同钢筋的搭接长度，以较细钢筋的直径计算。

13 同一连接区段内，绑扎搭接接头有哪些要求？

钢筋的接头宜设置在受力较小处。同一纵向受力钢筋在同一受力区段内不宜设置两个或两个以上接头。

同一构件中相邻纵向受力钢筋的绑扎搭接接头宜互相错开，保持一定间距，以避免在接头处引起应力集中和局部裂缝。钢筋在混凝土中粘结面积越大，搭接区段的抗力越高，为了保证在接头处钢筋与混凝土之间的粘结锚固作用，绑扎搭接接头中钢筋的横向净距离不应小于钢筋直径，且不应小于 25mm。而为防止受力筋合力中轴移动，梁、柱类构件的角部纵筋必须与箍筋角部靠拢绑牢，无法实现分离式绑扎搭接形式，因此，为便于施工和满足搭接区段的抗力要求，角部纵筋可采用并筋式接头形式，但必须通过加大搭接区段长度来满足承载力要求。

同一连接区段内，纵向钢筋搭接接头面积百分率为该区段内有搭接接头的纵向受力钢筋截面面积与全部纵向受力钢筋截面面积的比值，如图 1-8 所示。钢筋绑扎搭接接头连接区段的长度为 1.3 倍搭接长度。凡搭接接头中心间距不大于 1.3 倍搭接长度，或搭接钢筋端部距离不大于 0.3 倍搭接长度时，均属位于同一连接区段的搭接接头。

同一连接区段内纵向受拉钢筋搭接接头面积百分率应符合设计要求。当设计无具体要求时，应符合下列规定：

（1）对梁类、板类及墙类构件，不宜大于 25%。

（2）对柱类构件，不宜大于 50%。

（3）当工程中确有必要增大接头面积百分率时，对梁类构件不应大于 50%，对其他构件可根据实际情况放宽。

图 1-8　同一连接区段内的纵向受拉钢筋绑扎搭接接头

注：图中所示同一连接区段内的搭接接头钢筋为 2 根，当钢筋直径相同时，
钢筋搭接接头面积百分率为 50%。

14　焊接的连接方法有哪些？分别有什么特点？

目前工程中常用的钢筋焊接方法包括：钢筋电阻点焊、钢筋闪光对焊、钢筋电弧焊、钢筋电渣压力焊、钢筋气压焊等。

1. 钢筋电阻点焊

钢筋电阻点焊是将两根钢筋安放成交叉叠接形式，压紧于两电极之间，利用电阻热熔化母材金属，加压形成焊点的一种压焊方法，是电阻焊的一种。混凝土结构中的钢筋焊接骨架和钢筋焊接网，宜采用电阻点焊制作。

2. 钢筋闪光对焊

钢筋闪光对焊是将两钢筋安放成对接形式，利用焊接电流通过两钢筋接触点产生的电阻热使金属熔化，产生强烈飞溅、闪光，使钢筋端部产生塑性区及均匀的液体金属层，迅速施加顶锻力完成的一种压焊方法。钢筋闪光对焊具有生产效率高、操作简单、节约能源、节约钢材、接头受力性能好、焊接质量高等优点，所以钢筋的对接连接应优先采用闪光对焊。

3. 钢筋电弧焊

钢筋电弧焊是以焊条作为一极，钢筋为另一极，利用焊接电流通过时产生的电弧热进行焊接的一种熔焊方法。其接头形式有以下几种：

（1）帮条焊时宜采用双面焊，当不能双面焊时方可采用单面焊，焊接时，两主筋端面的间隙应为 2～5mm。

（2）搭接焊时宜采用双面焊，当不能双面焊时方可采用单面焊。焊接时，焊接端钢筋应预弯并应使两钢筋的轴线在同一直线上。

（3）窄间隙焊是将两钢筋安放成水平对接形式，并置于铜模内，中间留有少量间隙，用焊条从接头根部引弧，连续向上焊接完成的一种电弧方法。窄间隙焊准备工作简单，焊接操作难度较小，焊接质量好，生产率高，焊接成本低。适用于 HPB300、HRB335、HRB400 级，直径 16mm 及以上钢筋的现场水平连接。

（4）熔槽帮条焊适用于直径 20mm 及以上的粗直径钢筋的现场安装焊接，接头间隙 10～16mm，其施焊工艺基本上是连续进行，中间敲渣 1 次。焊后进行加强焊及侧面焊缝的焊接，其接头质量应符合要求，效果较好。

（5）预埋件钢筋埋弧压力焊是将钢筋与钢板安放成 T 形接头形式，利用焊接电流通过，在焊接层下产生电弧形成熔池，加压完成的一种压焊方法。

4. 钢筋电渣压力焊

钢筋电渣压力焊是将两钢筋安放成竖向对接形式，利用焊接电流通过两钢筋端面间隙，在焊剂层下形成电弧过程和电渣过程，产生电弧热和电阻热，熔化钢筋，加压完成的一种压焊方法。它比电弧焊节省钢材、工效高、成本低，但是工艺复杂，对焊工要求高，适用于柱、墙、构筑物等现浇钢筋混凝土结构竖向或斜向、直径 12～22mm 的 HPB300 级钢筋和直径 12～32mm 的 HRB335、HRB400 级钢筋。

5. 钢筋气压焊

钢筋气压焊是采用乙炔火焰或其他火焰对两钢筋对接处加热，使其达到塑性状态或熔化状态后，加压完成的一种压焊方法。该焊接工艺具有设备简单、操作方便、质量好、成本低等优点，适用于钢筋在垂直位置、水平位置或倾斜位置的对接焊缝，但是对焊工要求严格，焊接对钢筋端面处理要求高。

15 常用的钢筋机械连接接头类型有哪些？

1. 套筒挤压连接接头

它是通过挤压力使连接件钢套筒塑性变形与带肋钢筋紧密咬合形成的接头。有径向挤压连接和轴向挤压连接两种形式。由于轴向挤压连接现场施工不方便及接头质量不够稳定，没有得到推广；而径向挤压连接技术中，连接接头得到了大面积推广使用。目前工程中使用的套筒挤压连接接头都是径向挤压连接。

2. 锥螺纹连接接头

它是通过钢筋端头特制的锥形螺纹和连接件锥形螺纹咬合形成的接头。锥螺纹连接技术的诞生克服了套筒挤压连接技术存在的不足。锥螺纹丝头完全是提前预制，现场连接占用工期短，现场只需用力矩扳手操作，不需搬动设备和拉扯电线，深受各施工单位的好评。但是锥螺纹连接接头质量不够稳定。由于加工螺纹的锥螺纹小径削弱了母材的横截面面积，从而降低了接头强度，一般只能达到母材实际抗拉强度的 85%～95%。我国的锥螺纹连接技术和国外相比还存在一定差距，最突出的一个问题就是螺距单一，直径 16～40mm 的钢筋采用螺距都为 2.5mm，而 2.5mm 螺距最适合于直径 22mm 钢筋的连接，太粗或太细钢筋的连接强度都不理想，尤其是直径为 36mm、40mm 钢筋的锥螺纹连接，很难达到母材实际抗拉强度的 0.9 倍。许多生产单位自称达到钢筋母材标准强度，是利用了钢筋母材的超强性能，即钢筋实际抗拉强度大于钢筋抗拉强度的标准值。

3. 直螺纹连接接头

等强度直螺纹连接接头是 20 世纪 90 年代钢筋连接的国际最新潮流，它的接头质量稳定可靠，连接强度高，可与套筒挤压连接接头相媲美，而且又具有锥螺纹接头施工方便、速度快的特点，因此直螺纹连接技术的出现给钢筋连接技术带来了质的飞跃。

直螺纹连接接头主要有镦粗直螺纹连接接头和滚压直螺纹连接接头。这两种工艺采用不同的加工方式，增强钢筋端头螺纹的承载能力，达到接头与钢筋母材等强的目的。

（1）镦粗直螺纹连接接头

它是通过钢筋端头镦粗后制作的直螺纹和连接件螺纹咬合形成的接头。其工艺是先将钢筋端头通过镦粗设备镦粗，再加工出螺纹，接头与母材达到等强。国外镦粗直螺纹连接接头的钢筋端头既有热镦粗又有冷镦粗，热镦粗主要是消除镦粗过程中产生的内应力，但加热设备投入费用高。我国的镦粗直螺纹连接接头的钢筋端头主要是冷镦粗，对钢筋的延性要求高；对延性较低的钢筋，镦粗质量较难控制，易产生脆断现象。

镦粗直螺纹连接接头的优点是强度高，现场施工速度快，工人劳动强度低，钢筋直螺纹丝头全部提前预制，现场连接为装配作业。其不足之处在于镦粗过程中易出现镦偏现象，一旦镦偏必须切掉重镦；镦粗过程中产生内应力，钢筋镦粗部分延性降低，易产生脆断现象，螺纹加工需要两道工序和两套设备来完成。

（2）滚压直螺纹连接接头

它是通过钢筋端头直接滚压或挤（碾）压肋滚压或剥肋后滚压制作的直螺纹和连接件螺纹咬合形成的接头。其基本原理是利用了金属材料塑性变形后冷作硬化增强金属材料强度的特性，而仅在金属表层发生塑变、冷作硬化，金属内部仍保持原金属的性能，因而使钢筋接头与母材达到等强。

目前，国内常见的滚压直螺纹连接接头有直接滚压螺纹、挤（碾）压肋滚压螺纹和剥肋滚压螺纹三种类型。这三种形式连接接头获得的螺纹精度及尺寸不同，接头质量也存在一定差异。

1）直接滚压直螺纹连接接头

其优点是螺纹加工简单，设备投入少；不足之处在于螺纹精度差，存在虚假螺纹现象。由于钢筋粗细不均，公差大，加工的螺纹直径大小不一致，给现场施工造成困难，使套筒与丝头配合松紧不一致，有个别接头出现拉脱现象。由于钢筋直径变化及横纵肋的影响，使滚丝轮寿命降低，增加接头的附加成本，现场施工易损件更换频繁。

2）挤（碾）压肋滚压直螺纹连接接头

这种连接接头是用专用挤压设备先将钢筋的横肋和纵肋进行预压平处理，然后再滚压螺纹，目的是减轻钢筋肋对成型螺纹精度的影响。

其特点是成型螺纹精度相对直接滚压有一定提高，但仍不能从根本上解决钢筋直径大小不一致对成型螺纹精度的影响，而且螺纹加工需要两道工序和两套设备来完成。

3）剥肋滚压直螺纹连接接头

其工艺是先将钢筋端部的横肋和纵肋进行剥切处理后，使钢筋滚丝前的柱体直径达到同一尺寸，然后再进行螺纹滚压成型。

剥肋滚压直螺纹连接技术是由中国建筑科学研究院建筑机械化研究分院研制开发的钢筋等强度直螺纹连接接头的一种新型式，为国内外首创。通过对现有 HRB335、HRB400 级钢筋进行型式试验、疲劳试验、耐低温试验以及大量的工程应用，证明剥肋滚压直螺纹连接接头与其他滚压直螺纹连接接头相比具有以下特点：

① 螺纹牙型好，精度高，牙齿表面光滑。

② 螺纹直径大小一致性好，容易装配，连接质量稳定可靠。

③ 滚丝轮寿命长，接头附加成本低。滚丝轮可加工 5000～8000 个丝头，比直接滚压寿命提高了 3～5 倍。

④ 接头通过 200 万次疲劳强度试验，接头处无破坏。

⑤ 在 -40℃ 低温下试验，其接头仍能达到与母材等强，抗低温性能好。

16 受拉钢筋的锚固长度如何确定？

(1) 锚固作用是通过钢筋和混凝土之间粘结，通过混凝土对钢筋表面产生的握裹力，从而使钢筋和混凝土共同作用，以抵抗外界承载能力破坏变形，改善结构受力状态。如果钢筋的锚固失效，则可能会使结构丧失承载力而引起结构破坏。在抗震设计中提出"强锚固"，即要求在地震作用时，钢筋锚固的可靠度应高于非抗震设计。

锚固长度可划分为锚固长度、基本锚固长度。为避免混淆，分别用 l_a、l_{ab} 表示，不同的节点做法，表示是不一样的。

受拉钢筋的锚固长度根据《混凝土结构设计规范》(GB 50010—2010) 第 8.3.1 条计算，当计算中充分利用钢筋的抗拉强度时，受拉钢筋的锚固应符合下列要求：

受拉钢筋的基本锚固长度 $l_{ab} = \alpha (f_y / f_t) d$

受拉钢筋的锚固长度 $l_a = \zeta_a l_{ab}$，且不应小于 200mm；其中 ζ_a 为锚固长度修正系数，按《混凝土结构设计规范》(GB 50010—2010) 第 8.3.2 条的规定取用，当多于一项时，可按连乘计算，以减少锚固长度，但不应小于 0.60；对预应力钢筋，可取 1.00。

受拉钢筋的抗震锚固长度 $l_{aE} = \zeta_{aE} l_a$

有抗震结构设计要求的钢筋基本锚固长度为 l_{abE}，11G101-1 图集第 53 页已列表，可直接采用，不必计算（表中将混凝土强度等级扩展到 ≥C60 级；将钢筋种类内的 HPB235 替换为 HPB300，钢筋种类增加了 HRBF335、HRBF400、HRB500、HRBF500 四个种类；增加了四级和非抗震等级的锚固长度；没有了钢筋直径 $d \leqslant 25mm$ 和 $d > 25mm$ 的分栏，对于钢筋直径 $d > 25mm$ 时，用基本锚固长度乘以系数 1.10）。

梁柱节点中纵向受拉钢筋的锚固要求应按《混凝土结构设计规范》(GB 50010—2010) 第 9.3 节（Ⅱ）中的规定执行。

(2) 基本锚固长度 l_{ab} 与钢筋的抗拉强度设计值 f_y（预应力钢筋为 f_{py}）、混凝土的轴心抗拉强度等级 f_t、锚固钢筋的外形系数 α 及钢筋直径 d 有关。

锚固钢筋的外形系数 α　　　　　　　　　　　　　　　表 1-9

钢筋类型	光圆钢筋	带肋钢筋	螺旋肋钢丝	三股钢绞线	七股钢绞线
α	0.16	0.14	0.13	0.16	0.17

钢筋外形系数中删除了锚固性能很差的刻痕钢丝；带肋钢筋是指 HRB 热轧带肋钢筋、HRBF 细晶粒热轧带肋钢筋、RRB 余热处理钢筋；预应力螺纹钢筋采用螺母锚固，故未列入锚固长度计算。

(3) 钢筋的抗拉强度设计值 f_y 为钢筋的屈服强度，《混凝土结构设计规范》(GB 50010—2010) 增加了 HRB500 级带肋钢筋（屈服强度标准值 500N/mm², 极限强度标准值 630N/mm²）。

普通钢筋的屈服强度标准值：HPB300 级（公称直径 6～22mm）为 300N/mm²，HRB335、HRBF335 级（公称直径 6～50mm）为 335N/mm²，HRB400、HRBF400、RRB400 级（公称直径 6～50mm）为 400N/mm²，HRB500、HRBF500 级（公称直径 6～

50mm）为 500N/mm²。

普通钢筋的极限强度标准值：HPB300 级（公称直径 6～22mm）为 420N/mm²，HRB335、HRBF335 级（公称直径 6～50mm）为 455N/mm²，HRB400、HRBF400、RRB400 级（公称直径 6～50mm）为 540N/mm²，HRB500、HRBF500 级（公称直径 6～50mm）为 630N/mm²。

（4）素混凝土结构的混凝土强度等级不应低于 C15；钢筋混凝土结构的混凝土强度等级不应低于 C20；采用强度级别 400MPa 及以上的钢筋时，混凝土强度等级不应低于 C25。

承受重复荷载的钢筋混凝土构件，混凝土强度等级不应低于 C30。

预应力混凝土结构的混凝土强度等级不宜低于 C40，且不应低于 C30。

混凝土的轴心抗拉强度设计值 f_t：C15 为 0.91N/mm²、C20 为 1.10N/mm²、C25 为 1.27N/mm²、C30 为 1.43N/mm²、C35 为 1.57N/mm²、C40 为 1.71N/mm²、C45 为 1.80N/mm²、C50 为 1.89N/mm²、C55 为 1.96N/mm²、C60 为 2.04N/mm²、C65 为 2.09N/mm²、C70 为 2.14N/mm²、C75 为 2.18N/mm²、C80 为 2.22N/mm²。

（5）高强钢筋的锚固问题不可能单纯以增加锚固长度的方式解决，如增加构件的支座宽度，这是不可采取的，我们可以采取提高混凝土的强度等级。为控制钢筋在高强度混凝土中锚固长度不至于过短，当混凝土的强度等级不小于 C60 时，会直接影响到钢筋的锚固长度，所以仍按 C60 取值计算。

（6）锚固长度在图纸设计中一般不会直接标注，需要施工技术人员对结构构件本身、对构件的受力状况有一个准确的判断，并了解结构计算中是否充分利用钢筋的抗拉强度或仅利用钢筋的抗压强度，钢筋下料才会准确。

（7）构件受拉钢筋的锚入支座一般采用直线锚固形式，在构件端部截面尺寸不能满足钢筋直锚时，要求钢筋伸至柱对边再弯折，即使水平段长度足够时也要伸至节点对边后弯折，因为弯弧力会使其附近的箍筋产生附加拉力，加大了箍筋承载力，抵抗节点附近产生的次生斜裂缝。

（8）中间层框架梁端节点上部纵向钢筋的弯锚要求≥水平段长度 $0.4l_{ab}$（$0.4l_{abE}$）＋弯折段长度 $15d$（伸至节点对边并向上或下弯折）

框架顶层中柱纵向钢筋的弯锚要求≥水平段长度 $0.5l_{ab}$（$0.5l_{abE}$）＋弯折段长度 $12d$

桩基承台纵向钢筋在端部的弯锚要求≥水平段长度 $25d$＋弯折段长度 $10d$

17 受拉钢筋的锚固长度如何修正？

在实际工程应用中，由于锚固条件和锚固强度的变化，锚固长度应根据不同情况做相应的调整。

（1）锚固长度修正系数 ζ_a 可连乘，系考虑混凝土保护层厚度及钢筋未充分利用强度的比值等因素，锚固长度修正后其限值不得小于 $0.6l_{ab}$，任何情况下不得小于 200mm，以保证可靠锚固的最低限度。

（2）当带肋钢筋直径 $d＞25mm$ 时，锚固长度应乘以修正系数 1.10，直径大于 25mm 加长是考虑钢筋肋高减小，对锚固作用降低的影响。

（3）采用环氧树脂涂层钢筋，环氧涂膜的钢筋表面光滑，对锚固不利，降低了钢筋的有效锚固强度20%，尤其要解决在恶劣环境中钢筋的耐久性问题，所以以工程中采用环氧树脂涂层的钢筋（主要是抗腐蚀），需乘修正系数1.25。

（4）当钢筋在混凝土施工中易受施工扰动影响，影响钢筋在混凝土中粘结锚固强度。如采用滑模施工，核心筒施工，以及其他施工期间依托钢筋承载的情况，对锚固不利，需乘修正系数1.10。

（5）当混凝土保护层厚度较大时，握裹作用加强，锚固长度可以减短，可根据工程实践确定系数。

当锚固区混凝土保护层厚度为3倍锚固钢筋直径且配有箍筋时，其锚固长度可减少，乘以修正系数0.80；当锚固区保护层厚度为5倍锚固钢筋直径时，乘以修正系数0.70（中间值时按内插取值计算）。

当锚固区钢筋保护层厚度不大于$5d$时，锚固长度范围内应配置横向构造钢筋，其直径不应小于$d/4$；对梁、柱等杆状构件间距不应大于$5d$，对板、墙等平面构件间距不应大于$10d$，且均不应小于100mm，此处d为锚固钢筋的直径。

（6）有抗震设防要求的构件，要考虑到地震时反复荷载作用下钢筋与其周边混凝土之间具有可靠的粘接强度，锚固长度l_{aE}的计算与结构的抗震等级有关，在地震作用下时钢筋锚固的可靠度应高于非抗震设计。

抗震锚固长度修正系数ζ_{aE}：对一、二级抗震等级取1.15，对三级抗震等级取1.05，对四级抗震等级取1.00。

设计中要明确建筑物中哪些是抗震构件中抗受力构件，如框架梁、框架柱；哪些是不属于有抗震设防要求的构件，如次梁、楼板。比如梁、柱中箍筋的直线段，对于抗震构件长度为$10d$，对于非抗震构件长度为$5d$。

（7）当纵向受力钢筋的实际配筋面积比计算值大时，如因构造要求而大于计算值，钢筋实际应力小于强度设计值，锚固长度可以减少，但锚固长度减少的情况不能用在抗震设计和直接承受动力荷载的构件中。实际配筋大于设计值时，对于次要构件，如楼板、次梁，可根据设计计算面积与实际配置的钢筋面积的比值，确定修正系数，这个在设计文件中应加以明确。

18 纵向受拉普通钢筋末端采用机械锚固的规定有哪些？

《混凝土结构设计规范》（GB 50010—2010）第8.3.3条规定：当纵向受拉普通钢筋末端采用钢筋弯钩或机械锚固措施时，包括弯钩或锚固端头在内的锚固长度（投影长度）可取为基本锚固长度l_{ab}的60%。弯钩和机械锚固的形式（图1-9）和技术要求应符合表1-10的规定。

原《混凝土结构设计规范》（GB 50010—2002）只规定了三种机械锚固形式：末端带135°弯钩、末端与钢板穿孔角焊、末端与短钢筋双面贴焊。《混凝土结构设计规范》（GB 50010—2010）中弯钩锚固增加了末端带90°弯钩的形式，机械锚固增加两种形式：末端两侧贴焊锚筋和末端带螺栓锚头。

机械锚固原理是利用受力钢筋的锚头（弯钩、弯折、贴焊锚筋、螺栓锚头或焊接锚板）

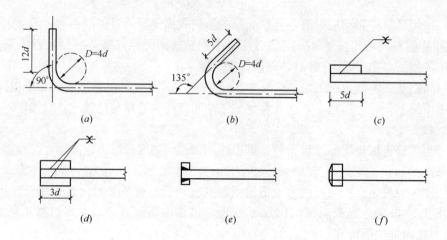

图 1-9　钢筋机械锚固的形式及构造要求

(a) 90°弯钩；(b) 135°弯钩；(c) 一侧贴焊锚筋；
(d) 两侧贴焊锚筋；(e) 穿孔塞焊锚板；(f) 螺栓锚头

钢筋机械锚固形式及修正系数　　　　　　　　　表 1-10

机械锚固形式		技 术 要 求	修正系数
侧边构造	90°弯钩	末端 90°弯折，弯钩内径 4d，弯后直段长度 12d	0.60
	135°弯钩	末端 135°弯折，弯钩内径 4d，弯后直段长度 5d	
	一侧贴焊锚筋	末端一侧贴焊长 5d（同直径钢筋）短钢筋，焊缝满足强度要求	
厚保护层	两侧贴焊锚筋	末端两侧贴焊长 3d（同直径钢筋）短钢筋，焊缝满足强度要求	0.60
	焊端锚板	末端与厚度 d 的锚板穿孔塞焊，焊缝满足强度要求	
	螺栓锚头	末端旋入螺栓锚头，螺纹长度满足长度要求	

对混凝土的局部挤压而加大锚固承载能力。锚头保证了机械锚固不会发生锚固破坏，而一定的锚固长度则起到了控制滑移，不发生较大裂缝、变形的作用，因此机械锚固可以乘以修正系数 0.60，可以有效地减少锚固长度。

加弯钩、弯折及一侧贴焊锚筋适用于截面侧边、角部的偏置锚固，并应有配筋约束，角部锚固的锚头方向应向截面内侧偏斜；焊锚板、螺栓锚头及二侧贴焊锚筋的情况适用于周边均为厚保护层的截面芯部锚固。

图 1-9 (a) 节点锚固形式为 90°弯折，弯折内径 4d，平直段 12d，实际投影长度为 12d+2d+1d=15d，所以在规范与图集中一定要区分好直线长度与水平投影长度，二者之间相差 3d 左右。所以在使用规范节点构造时，有些是特指的，如梁柱浇筑节点，在钢筋下料时选择何种锚固长度，要注意符合规范。

注意：钢筋末端带135°弯钩机械锚固构造，既适用于保持最小净距离的一排多根钢筋同时进行的机械锚固，也适用于多排钢筋同时进行的机械锚固，但宜将多根钢筋的锚固深度交错，以保持适当差别。

19 纵向受压普通钢筋末端采用机械锚固的规定有哪些？

《混凝土结构设计规范》（GB 50010—2010）第8.3.4条规定：受压钢筋不应采用末端弯钩和一侧贴焊锚筋的锚固措施。如柱及桁架上弦等构件中受压钢筋，往往会产生偏心受压，存在锚固问题。混凝土结构中的纵向受压钢筋，当计算中充分利用钢筋的抗压强度时，受压钢筋的锚固长度应不小于相应受拉钢筋锚固长度的70%。受压钢筋锚固长度范围内的横向构造钢筋应符合《混凝土结构设计规范》（GB 50010—2010）第8.3.1条的要求：当锚固区钢筋保护层厚度不大于5d时，锚固长度范围内应配横向构造钢筋，其直径不应小于$d/4$，对梁、柱等杆状构件间距不应大于5d，对板、墙等平面构件间距不应大于10d，且均不应大于100mm，此处d为锚固钢筋的直径。

《混凝土结构设计规范》（GB 50010—2010）第8.3.5条规定：承受动力荷载的预制构件，应将纵向受力钢筋末端焊接在钢板或角钢上，钢板或角钢应可靠地锚固在混凝土中。钢板或角钢的尺寸应按计算确定，其厚度不宜小于10mm。其他构件中的受力钢筋的末端也可通过焊接钢板或型钢实现锚固。

20 钢筋的混凝土保护层厚度有哪些规定？

参见图集11G101-2第17页图表，设计使用年限为50年的混凝土结构，最外层钢筋保护层厚度如表1-11所示；考虑混凝土碳化速度的影响，设计使用年限为100年的混凝土结构，应符合《混凝土结构设计规范》（GB 50010—2010）第3.5.5条的规定：混凝土保护层厚度应按表1-11增加40%，当采取有效的表面防护措施时，混凝土保护层厚度可适当减小。

钢筋的混凝土保护层最小厚度（mm）　　　　　　　　　　　　　　　表 1-11

环境等级	板、墙、壳	梁、柱
一	15	20
二 a	20	25
二 b	25	35
三 a	30	40
三 b	40	50

注：1. 混凝土强度等级不大于C25时，表中保护层厚度数值应增加5mm。
　　2. 钢筋混凝土基础宜设置混凝土垫层，其受力钢筋的混凝土保护层厚度应从垫层顶面算起，且不应小于40mm。

受力钢筋保护层厚度与混凝土的强度等级、构件类别和环境类别有关；保护层的厚度，应在设计文件中明确，为保证握裹层混凝土对受力钢筋的锚固作用，混凝土保护层厚度还应满足不小于钢筋公称直径的要求。11G101-2 与 03G101-2 的对比，新图集混凝土保护层厚度不再受混凝土强度等级的影响，按 C30 以上统一取值，分平面构件（板、墙、壳），与杆类构件（梁、柱），确定保护层厚度。从混凝土碳化、脱钝和钢筋锈蚀的耐久性角度考虑，新平法的保护层厚度指的是构件最外层钢筋（包括箍筋、构造筋、分布筋、钢筋网片等）外边缘至构件表面范围的距离（原平法指纵向受力钢筋的外边缘至混凝土表面的距离）。

《混凝土结构设计规范》（GB 50010—2010）第 8.2.2 条，如果适当减少混凝土保护层的厚度，应当有充分依据并采取有效措施：

（1）混凝土构件表面要有抹灰层及其他各种有效保护涂层；当地下室外墙采取可靠的建筑防水作法和防腐措施时，与土层接触一侧的保护层厚度可适当减少。但不应小于 25mm。

（2）采用能保证预制混凝土构件质量的工厂化生产预制构件。

（3）在混凝土中使用阻锈剂或采用阴极保护处理等防锈措施。阻锈剂掺入混凝土中，经试验效果较好，应在确定有效的工艺参数后方可使用；采用环氧树脂涂层钢筋、镀锌钢筋或采取阴极保护处理等防锈措施时，保护层厚度可适当减小。

《混凝土结构设计规范》（GB 50010—2010）第 8.2.3 条规定，当梁、柱、墙中纵向受力钢筋的保护层厚度大于 50mm 时，宜对保护层采取有效的构造措施：

（1）可在保护层内配置防裂、防剥落的焊接钢筋网片，网片钢筋的保护层厚度不应小于 25mm，并应采取有效的绝缘、定位措施。

（2）可采用纤维混凝土，其不仅能预防破碎混凝土剥落，还能起到控制裂缝宽度的作用，纤维混凝土最大的问题就是振捣问题。

钢筋的混凝土保护层厚度在应用时，应注意保护层概念的变化，原规范提及的"梁、柱中箍筋和构造钢筋的保护层厚度不应小于 15mm，板、墙、壳中分布钢筋的保护层厚度不应小于纵向受力钢筋的混凝土保护层最小厚度相应数值减 10mm，且不应小于 10mm"，在新规范中不再适用。

注意剪力墙中暗柱、与墙相连内侧靠近墙内部分箍筋无保护层概念。主次梁顶部混凝土保护层厚度，在梁顶部保护层厚度应加厚，增加一个钢筋直径 d；梁柱侧面混凝土保护层厚度，在梁外侧保护层厚度应加厚，增加一个钢筋直径 $d+5mm$；地下室外墙混凝土保护层厚度，在迎水面侧，当有保护措施时不小于 35mm，当无保护措施时不小于 50mm。

21 混凝土结构环境类别如何划分？

混凝土结构环境类别的划分是为了保证混凝土结构构件的可靠性和耐久性，不同环境下耐久性的基本要求是不同的，构件中纵向受力钢筋的最小保护层厚度也不同，施工图设计文件中均会对不同环境类别中的构件注明耐久性基本要求和纵向受力钢筋最小保护层厚度要求。其目的是保证结构的耐久性，按环境类别和设计使用年限进行设计。

环境类别对混凝土结构耐久性的影响分为：正常环境、干湿交替、冻融循环、氯盐腐蚀四种。按严重程度用表格详细列出了各环境类别相应的具体条件，如表 1-12 所示。

混凝土结构的环境类别

表 1-12

环境类别	条　件
一	室内干燥环境 无侵蚀性静水浸没环境
二a	室内潮湿环境 非严寒和非寒冷地区的露天环境 非严寒和非寒冷地区与无侵蚀性的水或土壤直接接触的环境 严寒和寒冷地区的冰冻线以下与无侵蚀性的水或土壤直接接触的环境
二b	干湿交替环境 水位频繁变动环境 严寒和寒冷地区的露天环境 严寒和寒冷地区冰冻线以上与无侵蚀性的水或土壤直接接触的环境
三a	严寒和寒冷地区冬季水位变动区环境 受除冰盐影响环境 海风环境
三b	盐渍土环境 受除冰盐作用环境 海岸环境
四	海水环境
五	受人为或自然的侵蚀性物质影响的环境

室内潮湿环境是指构件表面经常处于结露或湿润状态的环境。

严寒和寒冷地区的划分应符合国家现行标准《民用建筑热工设计规范》（GB 50176—1993）的有关规定。

海岸环境和海风环境宜根据当地情况，考虑主导风向及结构所处迎风、背风部位等因素的影响，由调查研究和工程经验确定。

受除冰盐影响环境为受到除冰盐盐雾影响的环境，受除冰盐作用环境是指被除冰盐溶液溅射的环境以及使用除冰盐地区的洗车房、停车楼等建筑。

根据《混凝土结构设计规范》（GB 50010—2010）第 3.5.4 条、第 3.5.5 条、第 3.5.6 条、第 3.5.7 条规定，对设计使用为 100 年的混凝土结构做出了相应规定，并提出采取加强混凝土结构耐久性的相应措施。

（1）一类环境中，设计使用年限为 100 年的混凝土结构应符合下列规定：

1）钢筋混凝土结构的最低强度等级为 C30，预应力混凝土结构的最低强度等级为 C40。

2）混凝土中的最大氯离子含量为 0.06%。

3）宜使用非碱活性骨料，当使用碱活性骨料时，混凝土中的最大碱含量为 3.0kg/m³。

4）混凝土保护层厚度应符合《混凝土结构设计规范》（GB 50010—2010）第 8.2.1 条的规定；当采取有效的表面防护措施时，混凝土保护层厚度可适当减小。

调查表明，国内超过 100 年的混凝土结构极少，但室内正常环境条件下实际使用 70～80 年的混凝土结构大多基本完好。因此适当加严对混凝土材料的控制，提高混凝土强度等级和保护层厚度，并补充规定定期维护、检测的要求，一类环境中混凝土结构的实际使用年限达到 100 年是可以得到保证的。

（2）二、三类环境中，设计使用年限 100 年的混凝土结构应采用专门的有效措施，由设计者确定。

（3）海水环境、直接接触除冰盐的环境及其他侵蚀性环境中混凝土结构的耐久性设计，可参考现行国家标准《混凝土结构耐久性设计规范》（GB/T 50476—2008）。

（4）四类环境可参考现行行业标准《港口工程混凝土结构设计规范》（JTJ 267—1998）。

（5）五类环境可参考现行国家标准《工业建筑防腐蚀设计规范》（GB 50046—2008）。

加强混凝土结构耐久性的相应措施：

（1）预应力混凝土结构中的预应力筋应根据具体情况采取表面防护、孔道灌浆、加大混凝土保护层厚度等措施，外露的锚固端应采取封锚和混凝土表面处理等有效措施。

（2）有抗渗要求的混凝土结构，混凝土的抗渗等级应符合有关标准的要求。

（3）严寒及寒冷地区的潮湿环境中，结构混凝土应满足抗冻要求，混凝土抗冻等级应符合有关标准的要求。

（4）处于二、三类环境中的悬臂构件宜采用悬壁梁-板的结构形式，或在其上表面增设防护层；结构构件表面的预埋件、吊钩、连接件等金属部件应采取可靠的防锈措施。

（5）处于三类环境中的混凝土结构构件，可采用阻锈剂、环氧树脂涂层钢筋或其他具有防腐蚀性能的钢筋、采取阴极保护措施或采用可更换的构件等措施。

22 混凝土结构对钢筋选用设有哪些规定？

根据《混凝土结构设计规范》（GB 50010—2010）第 4.2.1 条，根据钢筋产品标准的修改，不再限制钢筋材料的化学成分，而按性能确定钢筋的牌号和强度等级。根据节材、减耗及对性能的要求，《混凝土结构设计规范》（GB 50010—2010）淘汰了低强钢筋，强调应采用高强、高性能钢筋。根据混凝土构件对受力的性能要求，建议了各种牌号钢筋的用途。

（1）根据国家的技术政策，增加 500MPa 级钢筋；推广 400MPa、500MPa 级高强钢筋作为受力的主导钢筋，如果钢筋强度低，构件的设计断面要加大，用钢量也要加大；限制并准备淘汰 335MPa 级钢筋；立即淘汰低强的 235MPa 级钢筋，取而代之为 300MPa 级光圆钢筋。在《混凝土结构设计规范》（GB 50010—2010）的过渡期及对既有结构设计时，235MPa 级钢筋的设计按《混凝土结构设计规范》（GB 50010—2002）取值。

（2）采用低合金化而提高强度的 HRB 系列热轧带肋钢筋，其具有较好的延性、可焊性、机械连接性能及施工适应性。

（3）为节约合金资源，降低价格，列入靠控温轧制而具有一定延性的 HRBF 系列细晶粒热轧带肋钢筋，但宜控制其焊接工艺以避免影响其力学性能。

（4）余热处理钢筋（RRB）由于轧制的钢筋经高温淬水，余热处理后提高强度，其可焊性、机械连接性能及施工适应性均稍差，须控制其应用范围。一般可在对延性及加工性能要求不高的构件中使用，如基础、大体积混凝土以及跨度及荷载不大的楼板、墙体中应用。

（5）增加预应力筋的品种：增补高强、大直径的钢绞线，列入大直径预应力螺纹钢筋（精轧螺纹钢筋），列入中强度预应力钢丝以补充中等强度预应力筋的空缺，淘汰锚固性能很差的刻痕钢丝，应用很少的预应力热处理钢筋不再列入。

普通钢筋宜优先采用延性、韧性和焊接性较好的钢筋；普通钢筋的强度等级，纵向受力钢筋宜选用符合抗震性能指标的不低于 HRB400 级的热轧钢筋，也可采用符合抗震性能指标的 HRB335 级热轧钢筋；箍筋宜选用符合抗震性能指标的不低于 HRB335 级的热轧钢筋，也可选用 HPB300 级热轧钢筋。钢结构的钢材宜采用 Q235 等级 B、C、D 的碳素结构钢及 Q345 等级 B、C、D、E 的低合金高强度结构钢；当有可靠依据时，尚可采用其他钢种和钢号。

23 结构混凝土耐久性的基本要求有哪些？

混凝土结构的可靠性是由结构的安全性、结构的适用性和结构的耐久性来保证的，在规定的设计使用年限内，在正常的维护下，混凝土结构应具有足够的耐久性。耐久性与寿命概念不能混淆，与设计周期不一样。

所谓耐久性，系指结构在规定的工作环境中，在预定时期内，其材料性能的恶化不至于导致结构出现不可接受的失效概率，足够的耐久性可使结构正常使用到规定的设计使用年限。

根据《混凝土结构设计规范》（GB 50010—2010）第 3.1.3 条规定，耐久性设计按正常使用极限状态控制。耐久性问题表现为钢筋混凝土构件表面锈渍或锈胀裂缝，预应力筋开始锈蚀，结构表面混凝土出现酥裂、粉化等。它可能引起构件承载力破坏，甚至结构倒塌。

目前结构耐久性设计只能采用经验方法解决。根据调研及我国国情，《混凝土结构设计规范》（GB 50010—2010）规定了混凝土耐久性设计的五条基本内容。

（1）确定结构所处的环境类别。

（2）提出对混凝土材料的耐久性质量要求。

（3）确定构件中钢筋的混凝土保护层厚度。

（4）不同环境条件下的耐久性技术措施。

（5）提出结构使用阶段检测与维护要求。

对临时性的混凝土结构，可不考虑混凝土耐久性要求，如开发小区的售楼处。

按照《工程结构可靠性设计统一标准》（GB 50153—2008）确定的结构设计极限状态仍然分为两类——承载能力极限状态和正常使用极限状态，但内容比原《混凝土结构设计规范》（GB 50010—2002）有所扩大：

（1）承载能力极限状态中，为结构安全计算，增加了结构防连续倒塌的内容。

（2）正常使用极限状态中，为提高使用质量，增加了舒适度的要求。

影响混凝土结构耐久性的因素：

（1）影响混凝土结构耐久性的因素之一是环境类别，根据严重程度，环境类别分为七类，如表1-12所示。

（2）影响混凝土结构耐久性的因素之二是设计使用年限，使用年限的主要内因是材料抵抗性能退化的能力，《混凝土结构设计规范》（GB 50010—2010）对设计使用年限为50年的混凝土结构材料做出了规定，如表1-13所示。主要控制混凝土的水胶比、强度等级、氯离子含量和含碱量的数量。与原《混凝土结构设计规范》（GB 50010—2002）相比有以下变化：

1）取消了对最小水泥用量的限制，主要由于近年来胶凝材料及配合比设计的变化，不确定性大，故不再加以限制。

2）采用引气剂的混凝土，抗冻性能提高显著，因此冻融环境中的混凝土可适当降低要求（见表1-13中括号内的数字）。一般房屋混凝土结构不考虑碱骨料问题。

3）混凝土中碱含量的计算方法，可参见协会标准《混凝土碱含量限值标准》（CECS 53—1993）。

4）研究与实践表明，氯离子引起的钢筋电化学腐蚀是混凝土结构最严重的耐久性问题。《混凝土结构设计规范》（GB 50010—2010）对氯离子含量的限制比原《混凝土结构设计规范》（GB 50010—2002）更严、更细。为满足氯离子含量限制的要求，应限制使用含功能性氯化物的外加剂。

结构混凝土材料的耐久性基本要求   表 1-13

环境类别		最大水胶比	最低强度等级	最大氯离子含量（%）	最大碱含量（kg/m³）
一		0.60	C20	0.30	不限制
二	a	0.55	C25	0.20	3.0
	b	0.50 (0.55)	C30 (C25)	0.15	
三	a	0.45 (0.50)	C35 (C30)	0.15	
	b	0.40	C40	0.10	

在工程结构验收时，不仅要验收材料是否达到设计要求的强度，也要验收构件是否满足耐久性要求，特别对于最大水胶比、最大氯离子含量和最大碱含量的指标不能超过表1-13的规定。

表1-13中氯离子含量系指其占胶凝材料总量的百分比。当混凝土中加入活性掺合料或能提高耐久性的添加剂时，可适当降低最小水泥用量；当使用非碱性活性骨料时，对混凝土中的碱含量可不作限制。

24 混凝土构件中的钢筋代换有哪些规定？

钢筋代换的基本原则：等强代换（钢筋承载力设计值相等），钢筋强度等级不同，不可以采用等面积代换。

根据《混凝土结构设计规范》（GB 50010—2010）第4.2.8条，当进行钢筋代换时，除应符合设计要求的构件承载力，最大拉力下的总伸长率、裂缝宽度验算以及抗震规定以外，尚应满足最小配筋率、钢筋间距、保护层厚度、钢筋锚固长度、接头面积百分率及搭接长度等构造要求。

《建筑抗震设计规范》(GB 50011—2010) 对钢筋的代换原则已列为强制性条文。《建筑抗震设计规范》(GB 50011—2010) 第 3.9.4 条：在施工中，当需要以强度等级较高的钢筋替代原设计中的纵向受力钢筋时，应按照钢筋受拉承载力设计值相等的原则换算，并应满足最小配筋率要求。特别对于有抗震设防要求的框架梁、柱、剪力墙的边缘构件等部位，当代换后的纵向钢筋总承载力设计值大于原设计纵向钢筋总承载力设计值时，会造成薄弱部位的转移，以及构件在有影响的部位发生混凝土的脆性破坏（混凝土压碎、剪力破坏等），因此钢筋代换列入强制性条文。

在设计时，哪些是结构加强部位，哪些是结构薄弱部位，施工企业是不知道的，施工时，不能随意地把某些部位加强，这样会造成整栋楼的薄弱部位转移，不该出现的破坏部位出现了。所以钢筋代换后需要验算，内容包括最小配筋率、裂缝宽度、挠度等。

还应注意钢筋强度和直径改变后，正常使用阶段的挠度和裂缝宽度是否在允许范围内。

当钢筋的品种、级别或规格作变更时，应办理设计变更文件。同一钢筋混凝土构件中，同一部位纵向受力钢筋应采用同一牌号的钢筋。

第 2 章　一般楼梯构造技术

1　楼梯是由哪些部分组成的？

楼梯一般是由楼梯段、楼梯平台、栏杆（栏板）和扶手三部分组成，如图 2-1 所示。它所处的空间称楼梯间。

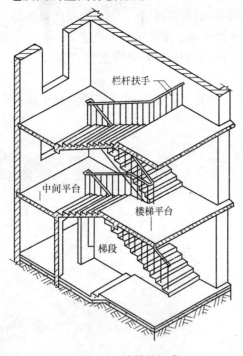

图 2-1　楼梯的组成

1. 楼梯段

楼梯段是楼梯的主要使用和承重部分，它由若干个连续的踏步组成。每个踏步又由两个互相垂直的面构成，水平面叫踏面，垂直面叫踢面。为避免人们行走楼梯段时太过疲劳，每个楼梯段上的踏步数目不得超过 18 级，照顾到人们在楼梯段上行走时的连续性，每个楼梯段上的踏步数目不得少于 3 级。

2. 楼梯平台

楼梯平台是楼梯段两端的水平段，主要用来解决楼梯段的转向问题，并使人们在上下楼层时能够缓冲休息。楼梯平台按照其所处的位置分为楼层平台和中间平台，与楼层相连的平台为楼层平台，处于上下楼地层之间的平台为中间平台。

相邻楼梯段和平台所围成的上下连通的空间称之为楼梯井。楼梯井的尺寸根据楼梯施工时支模板的需要及满足楼梯间的空间尺寸来确定。

3. 栏杆（栏板）和扶手

栏杆（栏板）是设置在楼梯段和平台临空侧的围护构件，应当有一定的承载力和刚度，并应当在上部设置供人们手扶持用的扶手。在公共建筑中，当楼梯段较宽时，常在楼梯段和平台靠墙一侧设置靠墙扶手。

2　楼梯有哪些分类方式？

楼梯类型的分法：

（1）按照楼梯的主要材料分：钢筋混凝土楼梯、钢楼梯、木楼梯等。

（2）按照楼梯在建筑物中所处的位置分：室内楼梯和室外楼梯。

（3）按照楼梯的使用性质分：楼梯、辅助楼梯、疏散楼梯、消防楼梯等。

（4）按照楼梯的形式分：直跑、双跑、三跑、弧形、螺旋等形式，如图2-2～图2-4所示。

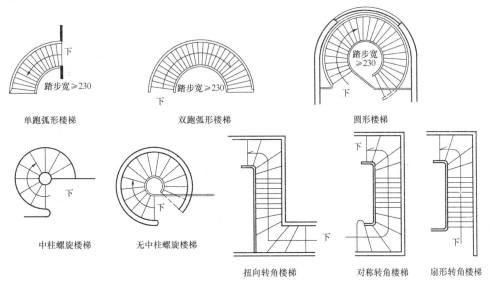

图 2-2　楼梯平面形式（一）

注：1. 本图所列由扇形踏步组成的楼梯形式。
　　2. 为满足人流顺利通行的需要，公用楼梯扇形踏步宽度不小于230mm，扇形踏步宽度、弧形梯以内侧扶手处踏步宽度计算，螺旋梯按距内侧300mm处计算。
　　3. 弧形梯和螺旋梯不宜用作疏散楼梯。

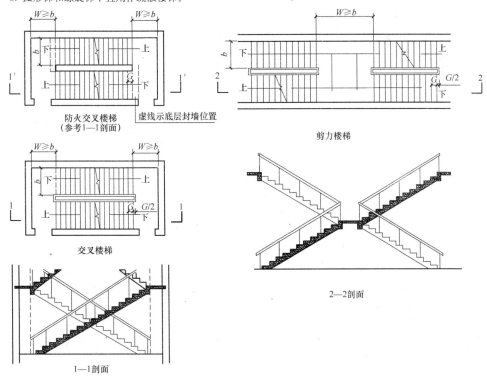

图 2-3　楼梯平面形式（二）

注：1. 设置交叉楼梯、剪刀楼梯可提高疏散能力，尤其采用交叉楼梯在相当一部分楼梯间面积内获得两个出入口，有利于防火疏散，平时使用也方便。
　　2. 图中 G 为踏步宽，b 为梯段宽度，W 为平台深度。

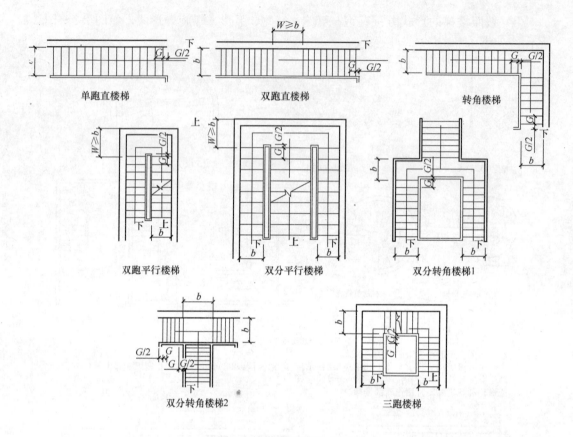

单跑直楼梯   双跑直楼梯   转角楼梯

双跑平行楼梯   双分平行楼梯   双分转角楼梯1

双分转角楼梯2   三跑楼梯

图 2-4 楼梯平面形式（三）

注：1. 本图所列全部为由矩形踏步组成的楼梯形式、楼梯开间及进深。楼梯梯段宽度、平台深度、踏步宽度及高度尺寸，设计人员设计时应符合《建筑楼梯模数协调标准》（GBJ 101—1987）的有关规定。

    2. 图中 G 为踏步宽，b 为楼段宽度，W 为平台深度。

    3. 图中所注楼梯扶手转角处的尺寸要求是为了保证扶手转角处连接平顺，避免出现鹤颈扶手所必需的最小尺寸。

    4. 楼梯段宽度大于 1500mm 时应设双面扶手。

3 楼梯间的平面形状有哪些?

楼梯间的平面形状很多，大致有以下 16 种：①矩形，②正方形，③三角形，④五角形，⑤六角形，⑥八角形，⑦丁字形，⑧错位形，⑨折线形，⑩口袋形，⑪不规则形，⑫半月形，⑬马蹄形，⑭圆形，⑮L 形，⑯凸字形。

1. 矩形楼梯间

矩形楼梯间最为普遍，任何功能的建筑，都可以采用矩形平面的楼梯间。原因之一是条形的梯段正好与矩形楼梯间吻合，也就是"量体裁衣"；再者，矩形的平面面积利用率最高，由于梯段规整，致使踏步尺寸和休息平台都很整齐，护栏也随之简单，设计计算简单，施工方便，并可节省建筑材料。

矩形楼梯间有 3 种梯段形式：一种是二梯段折返梯，如图 2-5 所示，三梯段折返梯如

图 2-6 所示；另一种是二梯段直达梯，如图 2-7 所示；还有一种为双上交叉梯，如图 2-8 所示，此种梯相当于 2 座二梯段直达梯的组合，又像 2 座共用一个休息平台的二梯段折返梯。双上交叉梯一般不用于住宅和办公楼，适用于体育建筑和大型商贸建筑等每天上下行人很多的公共场所。

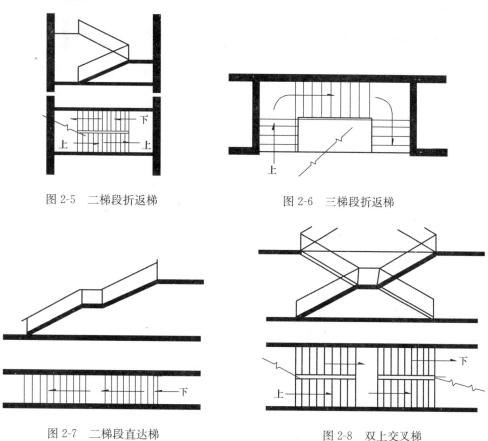

图 2-5　二梯段折返梯　　　　　　　　图 2-6　三梯段折返梯

图 2-7　二梯段直达梯　　　　　　　　图 2-8　双上交叉梯

2. 正方形楼梯间

正方形楼梯间因受到建筑平面的制约，不能设计成矩形；又因梯段长度的要求，两梯段折返达不到楼层高度，必须采用三梯段使梯段沿四壁铺设，这就会产生 4 个休息平台；再者，梯段围成的中间面积没有利用，成为余闲面积，造成面积利用率低。正方形比矩形楼梯间的面积利用率要浪费 40% 左右。如果在正方形楼梯间内设计圆楼梯，虽然能够减少休息平台的面积，达到缩小楼梯间面积、提高利用率的目的，但是登行的人会感到不舒服。一踏直达上层，太累；而且，走圆梯不如走直梯段舒服。因此正方形楼梯间尽量不予采用，如图 2-9～图 2-11 所示。

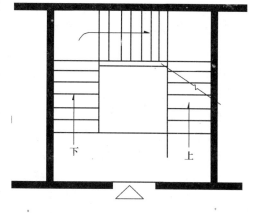

图 2-9　正方形楼梯间结构（一）

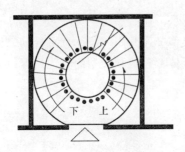

图 2-10　正方形楼梯间结构（二）

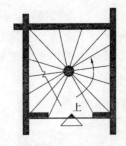

图 2-11　正方形楼梯间结构（三）

3. 三角形楼梯间

三角形楼梯间一般并不是建筑师刻意设计的，是因为受到道路、场地的制约而不得不设计成三角形。或者一般是房间的主要功能得以满足，剩下的"边角废料"面积甩给楼梯，楼梯只有根据实际情况"将就"了。三角形楼梯间的缺点：3 个锐角的面积和梯段中心的面积没有充分利用，成为余闲面积，所以面积利用率较低；还有三角形楼梯间采光不好，间接采光的亮度不够，白天也要给予适当灯光照明，如图 2-12、图 2-13 所示。

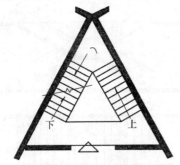

图 2-12　三角形楼梯间结构（一）

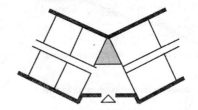

图 2-13　三角形楼梯间结构（二）

4. 五角形楼梯间和六角形楼梯间

五角形楼梯间和六角形楼梯间，多用于风景名胜制高点或中心区位置的瞭望阁、观景台和游乐场所。梯段盘旋而上，踏步较宽且较低，有利于老人和儿童登踏。休息平台较长，有意给登临的人创造凭栏远眺的空间，还可以起到步移景换的效果。梯段线路的拉长，既可免于游人拥挤，又可消除矩形楼梯间那种单调感，使人有轻松和缓的心情。

楼梯栏杆的式样设计有别于常用栏杆，造型新颖，通透精美，做工精细，丰富了台阁的装饰，成为游人欣赏的一景。

梯段在亭阁之内，亭阁便是楼梯间，如果观景台周匝为梯段回廊，那么回廊就是楼梯间，如图 2-14～图 2-16 所示。

5. 八角形楼梯间

八角形楼梯不仅常见于观光风景的楼阁，在古代的佛塔中应用也很多。例如河北省定州开元寺中的瞭敌塔，可视为八角形楼梯间。塔的平面呈八角形，塔心设一条梯段直达上层，周匝环形回廊为休息平台。塔每边有外窗采光，楼梯可登至塔顶。塔高 86m，故能登高望远。辽宋时期曾用作远望敌情的瞭望台，所以叫瞭敌塔。

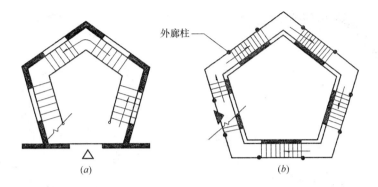

图 2-14 五角形楼梯间

(a) 形式一;(b) 形式二

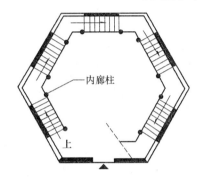

图 2-15 六角形楼梯间形式一

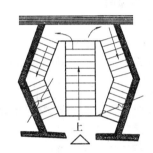

图 2-16 六角形楼梯间形式二

　　塔身收分,每层面积缩小,楼层高度也逐层降低,梯段减短。因塔身是砖砌,梯段和回廊顶均为券拱承重,如图 2-17 所示。

　　八角形楼梯间也可作圆环梯段,如图 2-18、图 2-19 所示。

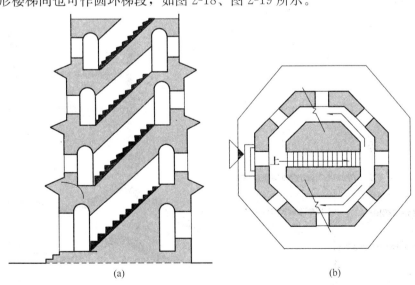

图 2-17 瞭敌塔

(a) 瞭敌塔剖面图;(b) 瞭敌塔俯视图

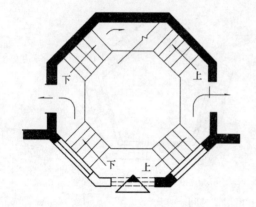

图 2-18 圆环梯段形式一

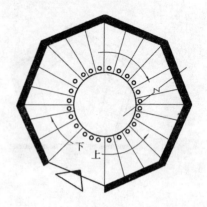

图 2-19 圆环梯段形式二

6. 丁字形楼梯间

丁字形的楼梯，其主梯段至休息平台后，分为两条支梯段，左右相背而上。主梯段与支梯段呈丁字形。丁字形梯用于二层楼房，或用于地下室一层。此种楼梯产生的原因，是根据建筑使用功能设计的，功能要求将两种不同工作性质的单位分开，但又要同一楼，以楼梯为界，又不得互相干扰，如图 2-20 所示。

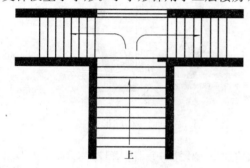

图 2-20 丁字形楼梯间

7. 错位形楼梯间和折线形楼梯间

错位楼梯和折线楼梯两种相似，都是直达上层，而且只能用于二层房屋。大城市几乎见不到，只有远离城市的众多民居村寨才有，因临河、靠山、滨湖，地势崎岖，又无大街宽巷，寸土不空。房屋高低错落，方向横斜，踏行之路阶阶相连，左右转折，迤逦而上。又因地面狭小，往往楼梯间宽窄不一，错位和折线楼梯间多见也就不足为奇了，如图 2-21、图 2-22 所示。

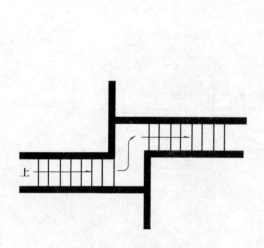

图 2-21 错位形楼梯间

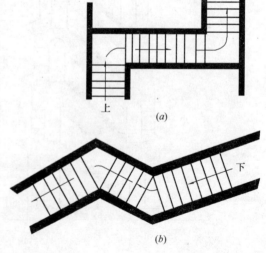

图 2-22 折线形楼梯间

(a) 形式一；(b) 形式二

8. L 形楼梯间

L 形楼梯是两梯段垂直相接，梯边为墙构成 L 形的楼梯间。设计原因主要是为了门厅平面方正，利于厅内墙壁作多种装饰性挂件，将楼梯划出厅外，自成楼梯间。另外在村舍密集的山镇，常采用 L 形楼梯间，如图 2-23 所示。

L 形楼梯间只用于二层楼上下，或地下一层的地下室。

缺点：楼梯间较窄，不敞亮，给人以局促的感觉。

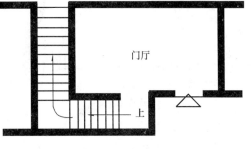

图 2-23 L 形楼梯间

9. 口袋形楼梯间

口袋形楼梯间的形成多是因为建筑平面不规则，但又要门厅平面规则，相邻的房间也要整齐，唯有把"剩余的边角"甩给楼梯间用。楼梯间进出口很窄，几乎与梯段等宽，平面呈大腹小口的瓶罐形，又像口袋状，故为此名。口袋形楼梯间不宜作人多上下的主楼梯使用，因为这种楼梯不利于大量人流的疏散，如图 2-24 所示。

10. 不规则形楼梯间

不规则形楼梯间多为四边形，四条边长短不等，平面形状不规整，楼梯的布置很不好设计。梯段长短不一，休息平台不规则，施工很麻烦，上下行人感到别扭，不顺畅，面积利用率也低。所以不规则的平面房间应作其他用，不要作楼梯间，如图 2-25 所示。

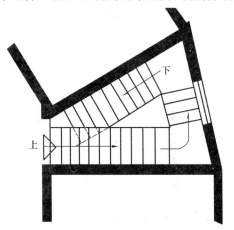

图 2-24 口袋形楼梯间

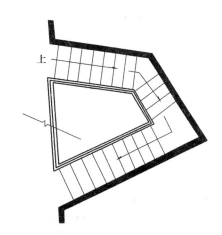

图 2-25 不规则形楼梯间

11. 半月形楼梯间

半月形楼梯间又叫半圆形楼梯间，多用于商场、娱乐场所等建筑，有的别墅也采用半月形楼梯间。因为楼梯间是半圆的，所以梯段呈半环形。梯段中不设休息平台，是环行直达梯。梯段弯转而上，梯梁和栏杆随曲而弯，施工费工、费时。

半月形楼梯间一面是开放无墙的，使之空间敞亮，如图 2-26 所示。

12. 马蹄形楼梯间

马蹄形楼梯间的梯段由两条折返梯段和一条半环梯段组合而成，所以像矩形楼梯间与

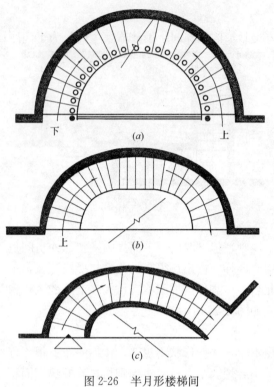

图 2-26 半月形楼梯间

(a) 形式一；(b) 形式二；(c) 形式三

半月形楼梯间的组合，又像折返梯的休息平台改为半月环形梯，或者是说休息平台上做的"偷步"。

马蹄形楼梯间的产生，主要是因楼层较高，楼梯间面积较小，两梯段折返不能直达上层，只有把休息平台改为梯段。另一原因是，休息平台是建筑外墙，将其作成半圆形，丰富了建筑立面，如图 2-27 所示。

缺点是三条梯段相连，没有休息平台，一踏到底，往往使登行人感到累，还有半圆形的梯段施工也较麻烦。

13. 圆形楼梯间

圆形楼梯间常见于别墅和娱乐场所的建筑中，因梯段双曲旋转而上，能够活跃环境气氛，增加厅堂的艺术感觉。圆形楼梯间设有两种梯形，一种是圆环梯段，另一种是独柱盘龙梯。圆环梯的楼梯间内径不小于4.5m，盘龙梯楼梯间内径不小于 3m。

缺点：为了满足圆形的墙壁，将使相邻的房间平面不规则，造成面积浪费，如图 2-28 所示。

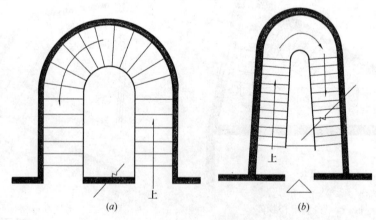

图 2-27 马蹄形楼梯间

(a) 休息平台改为梯段；(b) 休息平台为建筑外墙

14. 凸字形楼梯间

凸字形楼梯间设在丁字形建筑交接处。其形式的产生有两种原因，一是前后两栋建筑±0.000 标高相差 3m 左右。前面在低处，后面建筑建在高台上，前面建筑设门厅和 2 条支梯段，登至休息平台后，合二为一主梯段，爬坡向上，入高台建筑。另一种情况：门厅处是单层建筑，后面建筑为二层楼。前后两栋建筑同一标高。后面的底层房间另有门户出入，其楼上由门厅凸字形楼梯间上下出入，如图 2-29 所示。

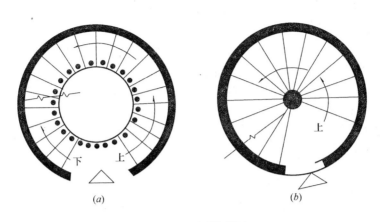

图 2-28 圆形楼梯间

（*a*）圆环梯段；（*b*）独柱盘龙梯

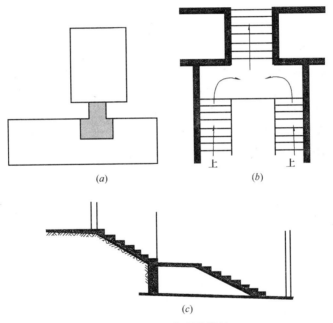

图 2-29 凸字形楼梯间

（*a*）建筑平面；（*b*）楼梯平面；（*c*）剖面

4 楼梯有哪些设计要求？

楼梯既是楼房建筑中的垂直交通枢纽，也是进行安全疏散的主要工具，为确保使用安全，楼梯的设计必须满足下列要求。

1. 功能要求

作为主要楼梯，应与主要出入口邻近，且位置明显；同时还应避免垂直交通与水平交通在交接处拥挤、堵塞。楼梯间必须有良好的自然采光。

2. 结构要求

楼梯结构形式按梯段的传力特点，有板式梯段和梁板式梯段之分。

（1）板式梯段

板式梯段是指楼梯段作为一块整板,斜搁在楼梯的平台梁上。平台梁之间的距离便是这块板的跨度,如图 2-30(a)所示。也有带平台板的板式楼梯,即把 2 个或 1 个平台板和 1 个梯段组合成 1 块折形板。这时,平台下的净空扩大了,且形式简洁,如图 2-30(b)所示。

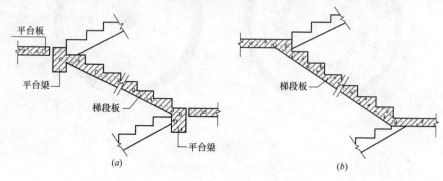

图 2-30 现浇钢筋混凝土板式楼梯

(a) 不带平台板的梯段;(b) 带平台板的梯段

(2) 梁板式楼梯段

当梯段较宽或楼梯负载较大时,采用板式梯段往往不经济,需增加梯段斜梁(简称梯梁)以承受板的荷载,并将荷载传给平台梁,这种梯段称梁板式梯段。梁板式梯段在结构布置上有双梁布置和单梁布置之分。双梁式梯段系将梯段斜梁布置在梯段踏步的两端,这时踏步板的跨度便是梯段的宽度。这样板跨小,对受力有利。这种梯梁在板下部的称正梁式梯段。有时为了让梯段底表面平整或避免洗刷楼梯时污水沿踏步端头下淌,弄脏楼梯,常将梯梁反向上面,称反梁式梯段,如图 2-31 所示。

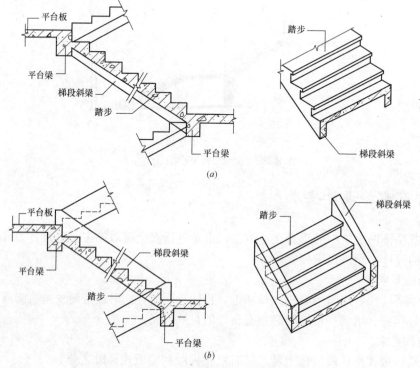

图 2-31 现浇钢筋混凝土梁板式楼梯

(a) 正梁式梯段;(b) 反梁式梯段

36

3. 防火要求

楼梯必须满足防火要求，楼梯间除允许直接对外开窗采光外，不得向室内任何房间开窗；楼梯间四周墙壁必须为防火墙；对防火要求高的建筑物特别是高层建筑，应设计成封闭式楼梯或防烟楼梯。

5 楼梯的坡度如何表示?

楼梯的坡度是指楼梯段的坡度，即楼梯段的倾斜角度。楼梯的坡度越大，楼梯段的水平投影长度越短，楼梯占地面积就越小，越经济，但是行走吃力；反之，楼梯的坡度越小，行走较舒适，但占地面积大，不经济。因此，在确定楼梯的坡度时，应综合考虑使用和经济因素。通常来说，人流量较大的楼梯和使用对象为老弱病残者的楼梯（例如大商场、电影院、敬老院、幼儿园、医院门诊楼等建筑的楼梯），其坡度应较平缓；供正常人使用、人流量又不大的楼梯（如住宅的户内楼梯），其坡度可以较大些。

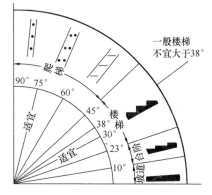

图 2-32　楼梯、爬梯及坡道的坡度范围

楼梯的坡度有两种表示法：角度法和比值法。角度法是用楼梯段与水平面夹角的角度表示，比值法是用楼梯段在垂直面上的投影高度与在水平面上的投影长度的比值来表示。

一般楼梯的坡度范围在 23°～45°之间，30°为较适宜坡度。坡度超过 45°时，应设爬梯，坡度小于 23°时，应当设坡道，如图 2-32 所示。

6 楼梯的踏步尺寸有何规定?

楼梯的踏步尺寸包括踏面宽和踢面高，踏面是人脚踩的部分，它的宽度不应小于成年人的脚长，一般为 250～320mm。踢面高与踏面宽有关，依据人上一级踏步相当于在平地上的平均步距的经验，踏步尺寸可按下面的经验公式来确定：

$$2r + g = 600 \sim 620(mm)$$

式中　　　　　r——踢面高度；

　　　　　　　g——踏面宽度；

$600 \sim 620(mm)$——人的平均步距。

在建筑工程中，踏面宽的范围通常为 250～320mm，踢面高的范围一般为 140～180mm。具体地，应当根据建筑物的功能和实际情况来确定，常见的民用建筑楼梯的适宜踏步尺寸如表 2-1 所示。

常见的民用建筑楼梯的适宜踏步尺寸　　　　　　　　　　表 2-1

名称	住宅	学校、办公楼	剧院、食堂	医院	幼儿园
踢面高 r（mm）	156～175	140～160	120～150	150	120～150
踏面宽 g（mm）	250～300	280～340	300～350	300	260～300

有时，为了人们上下楼梯时更加舒适，在不改变楼梯坡度的情况下，可以采用下列措施来增加踏面宽度，如图 2-33 所示。

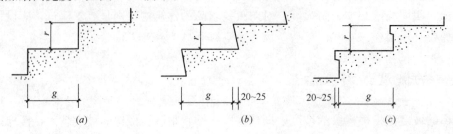

图 2-33　踏步尺寸
(a) 正常处理的踏步；(b) 踢面倾斜；(c) 加做踏步檐

7　踏步的形式有哪些?

踏步包括实心踏步和空心踏步两类。混凝土浇筑的踏步和山体土岭凿掘而成的踏步，都是实心的，是由踏步平面和踏步立面构成的。而空心踏步是由踏步平板和踏步立板组成的，也有只设踏步平板而无踏步立板的，当平板薄弱时，设立板支撑。有立板的踏步，给人安全、踏实和平稳的感觉。不设立板的踏步，给人以轻巧、空透和简洁之感。

踏步是将楼层高度分划为若干个小台阶的构造层，有许多花样，如平板唇、立板槽、阳角圆、阴角割，还有照明踏步等。

1. 踏步平板唇

踏步平板与踏步立板阳角相交为直角转弯，但有的踏步平板是外铺贴石板，并伸出立板外 3cm，叫做踏步平板唇。平板唇在阳光照射下，阴影印在立板上，醒目且生动，很有装饰感。

平板唇伸过立板可以增加踏步宽的尺寸，这是巧借空间，当踏步平板仅为 25cm 宽时，加 3cm 的平板唇之后，则达 28cm，如图 2-34 所示。

平板唇厚约 2~3cm，它的位置是踏步最重要的位置，上下登踏首当其冲，尤其搬运重物时，易碰撞平板唇，屡见平板唇破损的现象，很不好看，且很难维修。如果整块踏步板更换，又费工费料，所以破损的平板唇有的会持续数十年。

平板唇具有装饰效果，建筑师喜欢采用，但是要减少唇边破损，建议伸出长度不大于 2cm，并且作成圆弧，如图 2-35 所示。

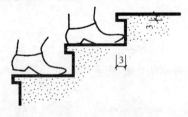　　　　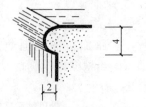

图 2-34　3cm 平板唇　　　　图 2-35　2cm 圆弧平板唇

2. 踏步立板内斜

踏步立板向内倾斜 3cm，阴阳角都是锐角。目的是想增加平板宽度，用斜面代替平板

38

唇。但是给施工增加了许多麻烦，如铺贴瓷砖，锐角不好施工，而且锐角易破损掉落，如图 2-36 所示。

3. 踏步立板槽

踏步立板下端设一条槽，宽 3～5cm，高 5cm，好像加厚的平板唇，立板槽多用于阶的踏步中，目的是为了增加立板的阴影效果，使踏步形象丰富。缺点有二：一是室外烂草败叶、尘灰杂物多，风吹进槽内滞留堆积，不利清扫，有碍环境卫生，甚至容易藏匿虫害；二是采用现浇钢筋混凝土时，支模板和拆模板都很费事。踏步立板槽构造，如图 2-37 所示。

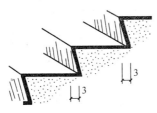 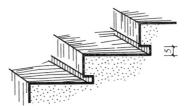

图 2-36　踏步立板内斜 3cm　　　　　　图 2-37　踏步立板槽

4. 踏步阳角作圆

踏步阳角受力大，磨损次数最多，破损率最高，既不好看又不好修。为了解决这一问题，建筑师采取两项措施：一是把直角改为小圆角，半径 2cm，如此则大大减少了阳角的破损率，小圆角可以用水泥抹，也可以半圆瓷砖粘贴；还有在阳角处嵌入一条小角钢，以强化阳角的抗冲击、耐磨损的能力，虽然不美观，但很有效，如图 2-38 所示。

5. 踏步阴角割角

板式梯段以板承重荷载，为了节省混凝土，所以要尽量压缩板的厚度。但是薄是有限度的，到了极限厚度就不能再薄了，于是从踏步中寻求节省之法。把踏步阴角割成斜角，鞋尖一般上仰 1～2cm，落脚时影响不大，从而增加了板的厚度，如图 2-39 所示。

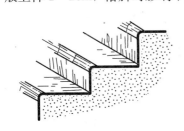 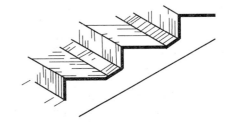

图 2-38　踏步阳角作圆　　　　　　图 2-39　踏步阴角割角

6. 照明踏步

把踏步和灯箱结合起来的做法，叫做照明踏步。踏步立面采用透光板，之后安装灯具。照明踏步实际应用中并不多见。照明踏步如图 2-40 所示。

缺点：

（1）登梯的人站在梯前，几乎全梯段的踏步照明灯射向人的眼睛，光线产生的眩光，对人刺激大，使人感觉不舒服。

（2）楼梯间的顶灯或壁灯照度，足以满足采光的要求，不必要再用踏步照明灯补充。

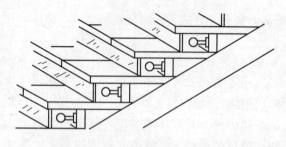

图 2-40 照明踏步

（3）构造复杂，施工费事，维修麻烦。

（4）踏步必须是不燃材料，并由此加厚了梯段的厚度，增加了建筑材料和造价。

7. 梯段侧立面

阶由于地形起伏的变化，产生了不同梯段的拱形曲线和凹形曲线，导致踏步随曲而建，高宽互变的现象。古代的拱桥中，常见到这样的阶段。

（1）各个踏步等宽时

拱形曲线的梯段，踏步高度由下而上，逐步变低，如图 2-41 （a）所示。

梯段为凹形曲线，踏步高度由下而上，逐步变高，如图 2-41 （b）所示。

（2）各个踏步立板等高时

拱形曲线的梯段，踏步宽度由下而上，逐步变宽，如图 2-41 （c）所示。

梯段为凹形曲线，踏步宽度由下而上，逐步变窄，如图 2-41 （d）所示。

8 踏步有哪些防滑措施?

1. 防滑凸埂

近阳角处 10～12cm 宽，设置高出踏步平面的凸埂，用以防滑是很有效的，又叫防滑条。凸埂距阳角 3cm，宽 2～3cm，间距 2cm，高 0.2cm，宜做三道。如果高于 0.3cm，会感到硌脚。

防滑凸埂的材料，有水泥金刚砂、锦砖，也有用橡胶条的，如图 2-42 所示。

2. 防滑槽

距阳角边 3cm 处作四道沟槽，沟槽断面呈 U 形或 V 形，槽深 0.3cm，宽 1cm，沟槽间距 1.5cm。防滑槽的防滑效果不如防滑凸埂好，

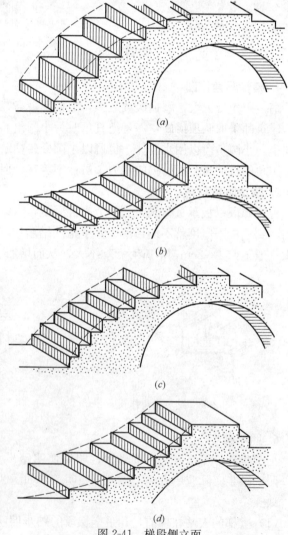

图 2-41 梯段侧立面

(a) 拱形曲线梯段的踏步高度；(b) 凹形曲线梯段的踏步高度；
(c) 拱形曲线梯段的踏步宽度；(d) 凹形曲线梯段的踏步宽度

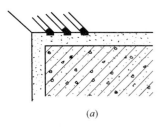
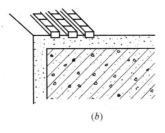
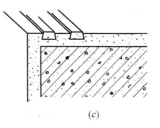

(a)   (b)   (c)

图 2-42　防滑凸埂

(a) 金刚砂；(b) 锦砖；(c) 橡胶

而且槽内易积尘纳垢，不易清扫，污迹长存不好看，如图 2-43 所示。

3. 锯线

踏步采用水磨石或混凝土材料，距阳角 3cm 处用切割锯锯出细而浅的线槽，宽约 0.3cm，深约 0.1cm，间距 1cm，共锯 5 条，如图 2-44 所示。

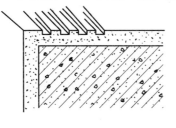
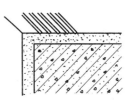

图 2-43　防滑槽　　　　　　　图 2-44　锯线

4. 粘贴防滑瓷砖

从踏步阳角开始粘贴防滑瓷砖，宽 8～10cm，既可防滑又可增强阳角的耐磨性，如图 2-45 所示。

5. 踏步铺地毯

高级的会堂或宾馆的主要楼梯都铺地毯。一是显示建筑富丽堂皇，二是用以防滑。地毯是松软的织物，人走在上面感到舒适，但是易脏，松软多孔吸纳灰尘，又易沾染其他色彩，必须经常清除杂物和清洗污渍，一般一、二年就需更换一次新地毯。

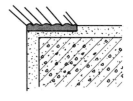

图 2-45　粘贴防滑瓷砖

由于上下登踏产生的水平力，地毯会向下滑动，必须有固定设施。措施有 2 种：一种是阳角处安装 50°角钢包角，把地毯包压在里面，如图 2-46 (a) 所示；另一种是在阴角处安装地毯棍，如图 2-46 (b) 所示。

6. 烧毛石板

踏步采用花岗岩石板铺贴，距阳角 10cm 范围内，以火烧毛法处理。花岗岩石板表面经火焰喷射，急速膨胀，爆裂形成干碎屑粉末，板面形成麻面，具有很好的防滑功能，如图 2-47 所示。

7. 踏步上铺贴半硬性的塑料板块

塑料板块有弹性，表面轧制成各式凹凸纹样，可以起到防滑的功能，如图 2-48 所示。近些年塑料制品日新月异。人流量大的火车站、汽车站乃至商店，多采用塑料板块铺贴楼梯，取代地毯，这是非常好的选择，不仅防滑好，而且易清洁，价钱便宜，颜色多变，花样美观，还易更换。

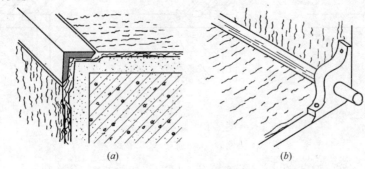

图 2-46　踏步铺地毯

（a）阳角处安装 50°角钢包角；（b）阴角处安装地毯棍

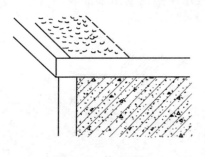

图 2-47　烧毛石板

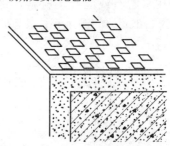

图 2-48　踏步上铺贴半硬性的塑料板块

8. 包角防滑

采用坚硬的和耐磨好的块状物，作踏步阳角的包角，本是为了保护频繁磨损的阳角，使其免于损边伤角，但因宽度达 8cm，接近防滑要求的宽度，所以这样的包角也列入防滑的范围。包角还起到两级踏步明显分界线的作用，有利于弱视人群踏行。目前可以作防滑的包角有缸砖包角，如图 2-49（a）所示；还有铸铁包角，如图 2-49（b）所示。

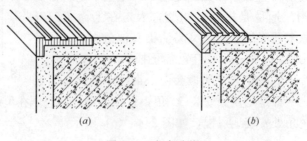

图 2-49　包角防滑

（a）缸砖包角；（b）铸铁包角

9. 聚氨酯涂料防滑

聚氨酯涂料是橡胶的一种，有弹性又耐磨，其中一种具有抗紫外线照射的能力，也是优良的防水材料，把它涂在钢板踏步上，可以保护钢板不被水浸锈蚀，又能达到防滑的目的，如图 2-50 所示。

10. 块石踏步雕刻花纹防滑

古代宫殿大理石台阶，为了装饰雕刻以花纹，图案十分精美。如富贵牡丹、冬雪红梅、江浪云朵、彩绸宝珠等。同时也起到了防滑的功能，如图 2-51 所示。

图 2-50　聚氨酯涂料防滑　　　　　图 2-51　块石踏步雕刻花纹防滑

9　踏步设计不宜采取哪些方式？

1. 忌只有一级踏步

下行梯段时，最怕迈空和蹉脚。只有一级的踏步最容易发生这一现象。只有一级的踏步不好辨识，要辨识清楚必须有下列三点条件。

（1）踏步在阳光或灯光照射下，踏步间产生阴影，踏步越多，条条阴影越明显，容易判断身前有踏步，就会小心落足，如果只有一级踏步就不易辨识了。

（2）踏步阳角应有明显的色彩显示。有的风景区在踏步阳角涂一道绿色或白色线，用明显的色彩提醒踏步间距，提示行者举足。如果只有一级踏步，即便用火红的色彩，也难起到警示的作用。

（3）踏步高度 10～15cm，高差越小越不易辨别，行走时，往往眼向远处看而不注意脚下，造成失足而崴脚。

2. 忌踏步平板内倾或外斜

踏步应该是水平的，但也有因施工原因导致其不平的。有的平板内倾，有的平板外斜。当人上行走在内倾的踏步时，会感觉脚后跟垫脚；下行时，又会感到蹩脚腕，如图 2-52 所示。如果上行走在外斜的踏步上，会感到有点滑；下行时，好像有助力催促着人快走，都不会让人舒服，如图 2-53 所示。

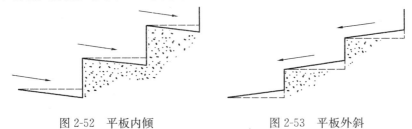

图 2-52　平板内倾　　　　　　　图 2-53　平板外斜

3. 忌踏步不等高

一条梯段中的踏步应该是等高的。这是因为当人下踏第一步时，踏步的高度会给人心中"订下标准"，以为其他踏步也是同样的高度，结果其他踏步不等高，于是会导致人在下意识踏步时发生迈空或蹉脚，如图 2-54 所示。

4. 忌踏步宽度不相等

踏步宽度以 30cm 为合适，一步一级，也可以设计为 60cm，一级走两步。但关键的是每级踏步宽度要相等，同一梯段的踏步不能忽宽忽窄，窄的不足 26cm，放不下一只脚，宽的超过 60cm，参差同梯，会造成登行者不便，如图 2-55 所示。

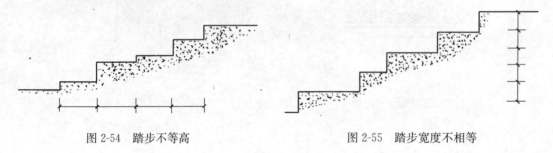

图 2-54　踏步不等高　　　　　　　　　　　图 2-55　踏步宽度不相等

5. 忌踏步平板太光滑

6. 忌踏步颜色太深

宾馆、办公楼等公用建筑的梯段选用深红色花岗岩板或黑色花岗岩板作贴面，也有铺深绿色地毯的。这些深色饰物，吸收光线，尤其对于楼梯间照明不足时，更加剧了黑暗效果。视力不好的人，担心落脚失误，只能小心谨慎。

7. 忌羽毛式排列踏步

马蹄形楼梯间，半圆部分的梯段，踏步呈放射性，踏步平板呈扇形，行走线随圆而行，人面正对踏步。在直线梯段部分，踏步平面应垂直侧墙，行走线也应该垂直踏步。但是有设计成羽毛状的，行走线与踏步不是直角相交，导致行走步距一大一小或一小一大，很别扭。甚至会导致行人迈空，或半只脚在踏步上，如图 2-56 所示。

8. 忌出门跳坑

室内外高差以阶或梯连接。门和第一个踏步应有平台，但也有无平台的，出门就下踏步，这种形式叫出门跳坑，如图 2-57 所示。对于初来的人，不会意识到出门就下踏步，还以为三步后才下台阶，结果出门踏空。所以为了安全，门和踏步之间应留不小于 90cm 的平台。

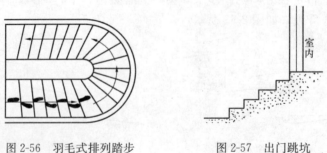

图 2-56　羽毛式排列踏步　　　　　　图 2-57　出门跳坑

9. 踏步的不宜

不宜就是不太好，不是禁忌。如果少量设计，也是可以的。

平板唇如果唇伸出长度小于 2cm，并且做成圆边，也不会造成不方便，但如果唇伸出长度达 3cm 之多，而且为方棱，挂杖上楼的人，就容易发生杖足被棱唇挂住的情况，如图 2-58 所示。还有腿脚不方便的人，上楼时后腿提起高度小，鞋尖也容易被棱唇挂住，如图 2-59 所示。

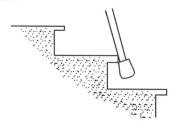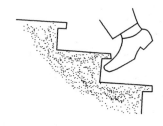

图 2-58　杖足被棱唇挂住　　　　图 2-59　鞋尖被棱唇挂住

室外阶或梯采用木质板，也是不适宜的。因为木阶露天，雪雨浸渗膨胀，晴天烈日，水分蒸发，收缩干裂，很容易变形扭曲，油漆脱落。有的部位进水不出，日久朽腐，五六年就会破旧不堪。所以，室外阶或梯的材质选择，应以坚固耐久、经济、实用性为首要考虑因素。

10　楼梯段的宽度有何规定？

楼梯段的宽度指楼梯段临空侧扶手中心线到另一侧墙面（或靠墙扶手中心线）之间的水平距离，应当根据楼梯的设计人流股数、防火要求及建筑物的使用性质等因素确定。我国规定，单股人流通行的宽度按 0.55m ＋ （0～0.15）m 计算，其中 0.55m 为正常人体的宽度，（0～0.15）m 为人行走时的摆幅。一般建筑物楼梯应至少满足两股人流通行，楼梯段的宽度不小于 1100mm。楼梯段的宽度，如图 2-60 所示。

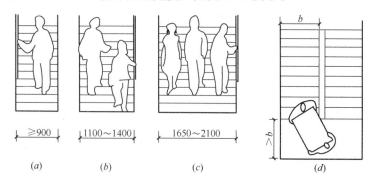

图 2-60　楼梯段宽度和梯段、平台的尺寸关系
b——楼梯段宽度
（a）单人通行；（b）双人通行；（c）多人通行；（d）特殊要求

住宅建筑的建造量大，考虑到住宅楼梯的经济性与实用性，我国《住宅设计规范》（GB 50096—2011）规定：楼梯梯段净宽不应小于 1100mm，不超过六层的住宅，一边设有栏杆的梯段净宽不应小于 1000mm。

注：楼梯梯段净宽是指墙面装饰面至扶手中心之间的水平距离。

11 平台宽度有何规定？

为了保证通行顺畅和搬运家具设备的方便，楼梯平台的宽度应当不小于楼梯段的宽度。对双跑平行式楼梯，平台宽度方向与楼梯段的宽度方向垂直，规定平台宽度应不小于楼梯段的净宽度，且不小于1200mm。

对于开敞式楼梯间，由于楼层平台已经同走廊连成一体，这时楼层平台的净宽为最后一个踏步前缘到靠走廊墙面的距离，一般不小于500mm，如图2-61所示。

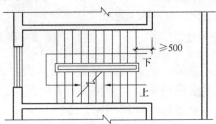

图 2-61 开敞楼梯间楼层平台的宽度

12 什么是楼梯的净空高度？

楼梯的净空高度包括楼梯段上的净空高度和平台上的净空高度，如图2-62所示，应当保证行人能够正常通行，以免在行进中产生压抑感，同时还要考虑搬运家具设备的方便。

（1）楼梯段上的净空高度

楼梯段上的净空高度指踏步前缘到上部结构底面之间的垂直距离，应当不小于2200mm。确定楼梯段上的净空高度时，楼梯段的计算范围应当从楼梯段最前和最后踏步前缘分别往外300mm算起。

（2）平台上的净空高度

平台上的净空高度指平台面到上部结构最低处之间的垂直距离，应当不小于2000mm。

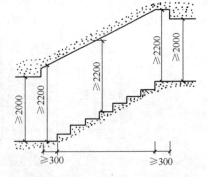

图 2-62 楼梯的净空高度

当楼梯底层中间平台下设置通道时，底层中间平台下的净空高度常常不能满足不小于2000mm的要求，可以采取下列处理方法来解决。

1）增加底层第一梯段的踏步数量，实现提高底层中间平台标高的目的，如图2-63（a）所示。这种方法适用于楼梯间进深较大的情况，此时应当注意保证底层第一楼梯段上部的净空高度。

2）降低底层中间平台下的地坪标高，如图2-63（b）所示。这种方法构造简单，但是增加了整个建筑物的高度，会使建筑造价升高。

3）将上述两种方法进行综合，不但增加底层第一楼梯段的踏步数量，还降低底层中间平台下的地坪标高，如图2-63（c）所示。这种方法可避免前两种方法的缺点。

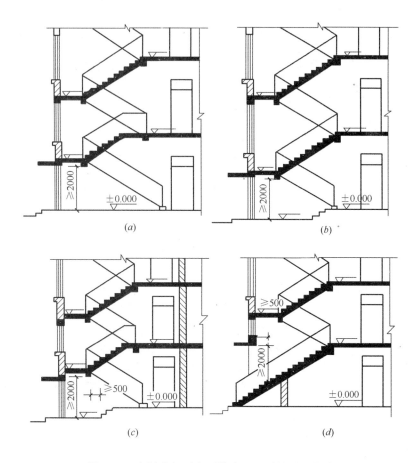

图 2-63　底层中间平台下作出入口时的处理方式

(a) 底层长短跑；(b) 局部降低地坪；

(c) 底层长短跑并局部降低地坪；(d) 底层直跑

4) 建筑物的底层楼梯采用直跑楼梯，如图 2-63（d）所示。此种方法适用于南方地区的建筑。

13　栏杆与扶手的高度有何规定？

楼梯栏杆是梯段的安全设施，楼梯栏杆高度是指踏步前缘至上方扶手中心线的垂直距离。栏杆的高度要满足使用及安全的要求。现行《民用建筑设计通则》（GB 50352—2005）规定，一般室内楼梯栏杆高度不应小于 0.90m。如果楼梯井一侧水平栏杆的长度超过 0.50m 时，其扶手高度不应小于 1.05m。室外楼梯栏杆高度：当临空高度在 24m 以下时，其高度不应低于 1.05m；当临空高度在 24m 以上时，其高度不应低于 1.1m。幼儿园建筑，楼梯除设成人扶手外，还应设幼儿扶手，其高度不应大于 0.60m，如图 2-64 所示。

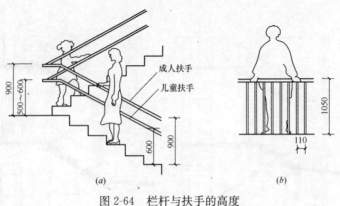

图 2-64 栏杆与扶手的高度
(a) 梯段处；(b) 顶层平台处安全栏杆

14 钢筋混凝土楼梯的构造有哪些?

钢筋混凝土楼梯按施工方式可分为现浇式和预制装配式两类。

钢筋混凝土楼梯一般采用现浇方式，是指将楼梯段、楼梯平台等构件整浇在一起的楼梯。其整体性好，刚度大，对抗震较为有利，特别是对抗震设防要求较高的建筑中运用较多。而螺旋梯、弧形梯由于其形状复杂，亦采用现浇，如图 2-65～图 2-76 所示。

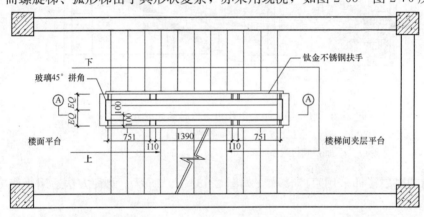

楼梯间放大平面图

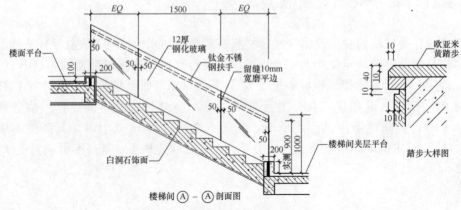

楼梯间 Ⓐ - Ⓐ 剖面图

图 2-65 钢筋混凝土楼梯、玻璃栏板

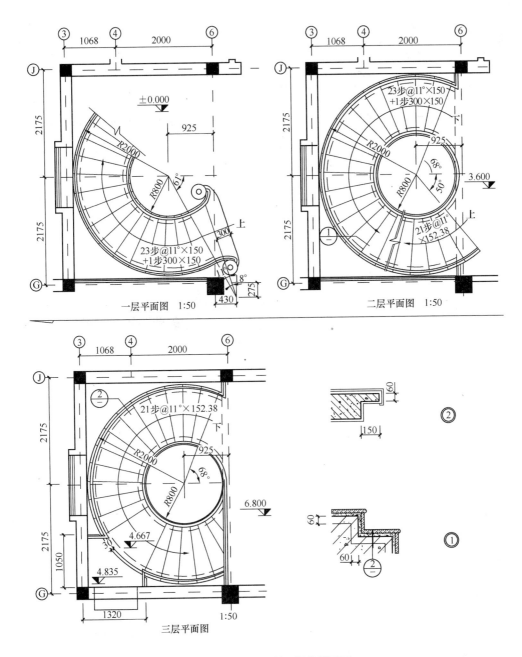

一层平面图 1:50

二层平面图 1:50

三层平面图 1:50

图 2-66 钢筋混凝土螺旋梯平面

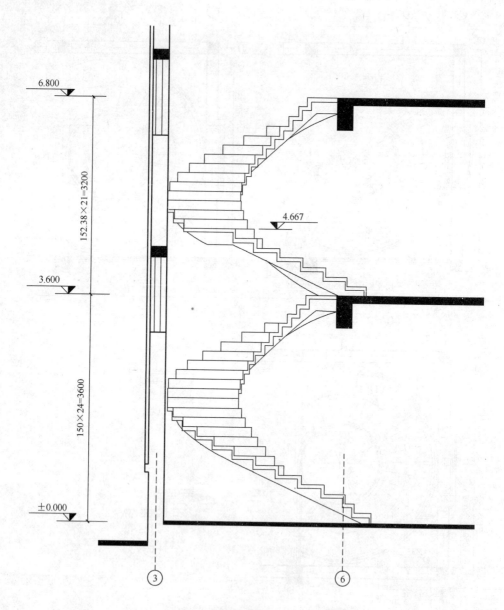

图 2-67　钢筋混凝土螺旋梯一至三层楼梯立面

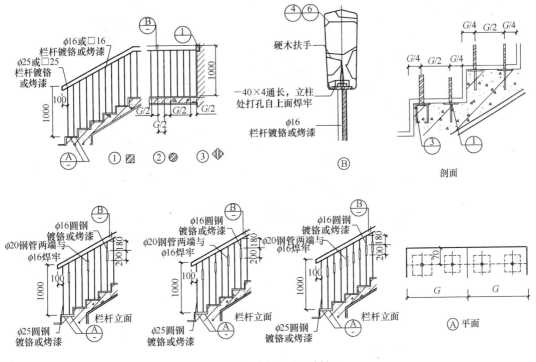

图 2-68　木扶手金属栏杆

注：1. 栏杆油漆品种、颜色由设计人员定。

2. ①～③φ25 与 φ16 配用，□25 与□16 配用。

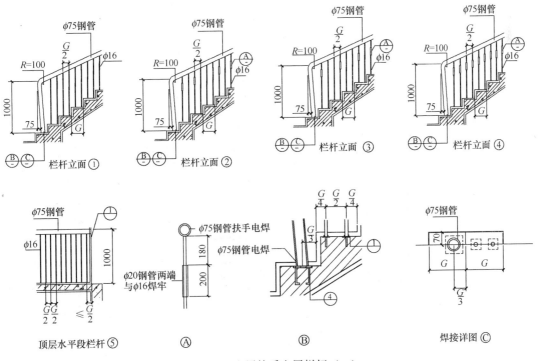

图 2-69　金属扶手金属栏杆（一）

注：栏杆油漆品种、颜色由设计人员定。

51

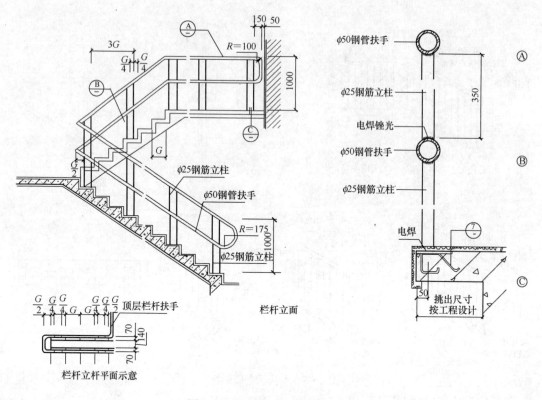

图 2-70 金属扶手金属栏杆（二）

注：1. 楼梯踏步的面层材料及构造，图中仅为示意，具体做法按工程设计。

2. 楼梯栏杆、扶手油漆品种、颜色由设计人员定。

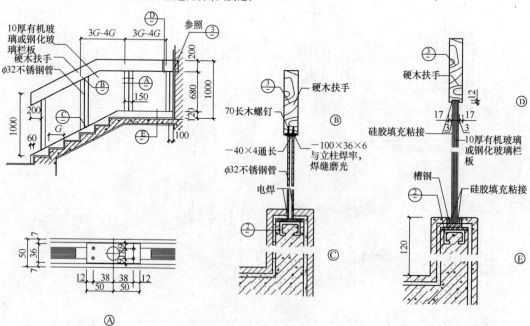

图 2-71 木扶手玻璃栏杆

注：玻璃栏板及扶手油漆品种，颜色由设计人员定。

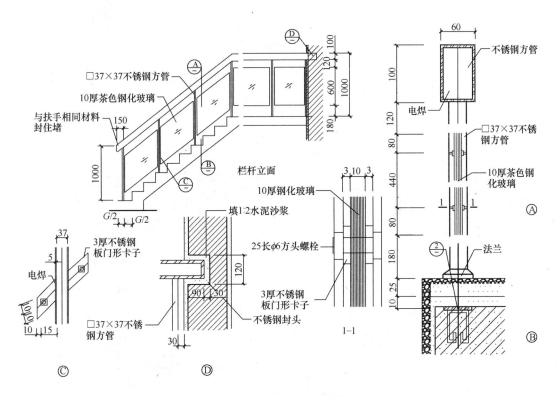

图 2-72　金属扶手玻璃栏杆

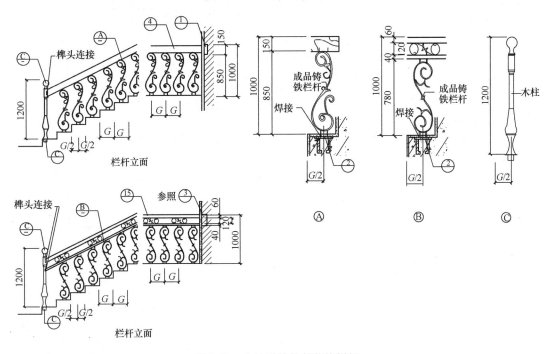

图 2-73　木扶手铸铁件装饰栏杆

注：1. 铸铁栏杆为成品产品，花饰见厂家产品样本。

　　2. 铸铁花饰与木扶手的连接与厂家商定。

　　3. 本图仅为示意，选用时可到厂家订货。

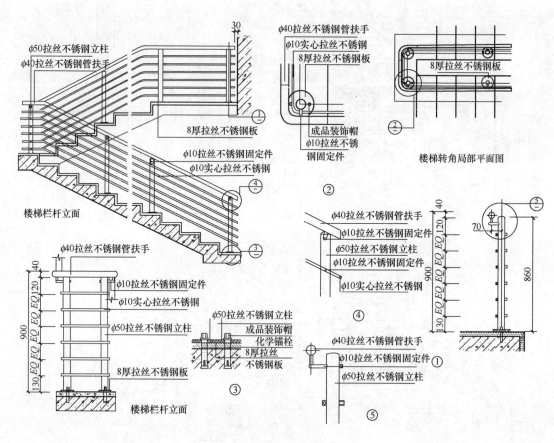

φ50拉丝不锈钢立柱
φ40拉丝不锈钢管扶手

30

φ40拉丝不锈钢管扶手
φ10实心拉丝不锈钢
8厚拉丝不锈钢板

8厚拉丝不锈钢板

8厚拉丝不锈钢板

成品装饰帽
φ10拉丝不锈
钢固定件

楼梯转角局部平面图

②

φ10拉丝不锈钢固定件
φ10实心拉丝不锈钢

楼梯栏杆立面

④
③

φ40拉丝不锈钢管扶手
φ10拉丝不锈钢固定件
φ50拉丝不锈钢立柱
φ10拉丝不锈钢固定件
φ10实心拉丝不锈钢

④

φ40拉丝不锈钢管扶手
φ10拉丝不锈钢固定件
φ50拉丝不锈钢立柱

①

φ40拉丝不锈钢管扶手

φ10拉丝不锈钢固定件
φ10实心拉丝不锈钢

φ50拉丝不锈钢立柱

成品装饰帽
化学锚栓
8厚拉丝
不锈钢板

③

860
900
70

φ50拉丝不锈钢立柱
8厚拉丝不锈钢板

楼梯栏杆立面

⑤

图 2-74 楼梯成品不锈钢栏杆（一）

54

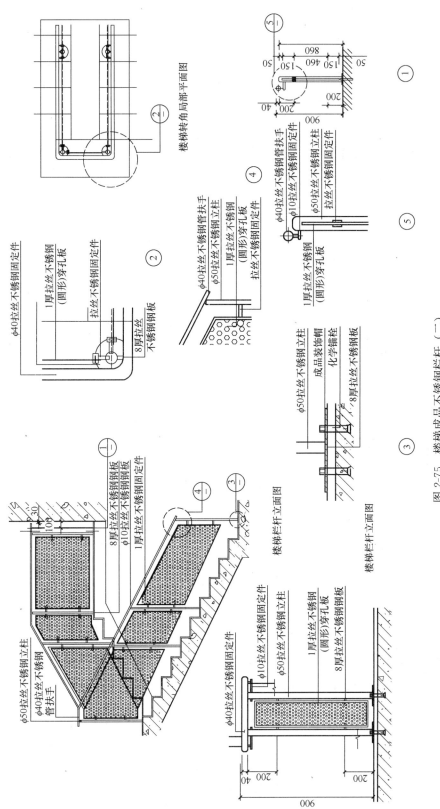

图 2-75 楼梯成品不锈钢栏杆（二）

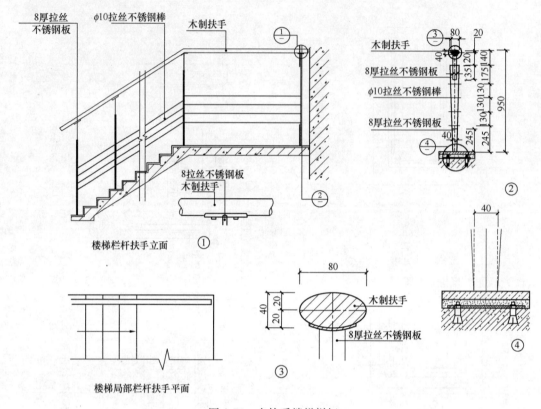

图 2-76　木扶手楼梯栏杆

15　现浇钢筋混凝土楼梯的分类与构造有哪些?

现浇钢筋混凝土楼梯按照传力特点,分为板式楼梯和梁板式楼梯两种。

(1) 板式楼梯。板式楼梯是由楼梯段承受梯段上的全部荷载。梯段分别与上下两端的平台梁整浇在一起,并由平台梁支承。梯段相当于一块斜放在平台梁的现浇板,平台梁之间的距离便是梯段板的跨度,如图 2-77 (a) 所示,梯段内的受力钢筋沿梯段的跨度(长

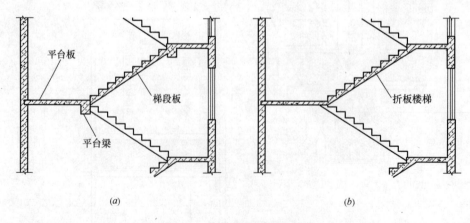

图 2-77　现浇钢筋混凝土楼梯
(a) 板式楼梯;(b) 折板式楼梯

度）方向布置。从力学和结构角度考虑，梯段板的跨度及梯段上荷载的大小均会对梯段的截面高度产生影响。当楼梯荷载较大，楼梯段斜板跨度较大时，斜板的截面高度也将很大，钢筋和混凝土用量增加，费用增加。所以板式楼梯适用于荷载小、层高低的建筑，如住宅、宿舍建筑。

有时为了保证平台净高的要求，可以在板式楼梯的局部位置取消平台梁，称为折板式楼梯，如图 2-77（b）所示，这样可以增大平台下的净空。

（2）梁板式楼梯。梁板式楼梯是由踏步板、楼梯斜梁、平台梁和平台板组成。梁式楼梯的踏步板由斜梁支承，斜梁支承在平台梁上。梁式楼梯段的宽度相当于踏步板的跨度，平台梁的间距即为斜梁的跨度。由于通常梯段的宽度要小于梯段的长度，因此踏步板的跨度就比较小。梁式楼梯适用于荷载较大、层高较高的建筑，如商场、教学楼等公共建筑。

梁板式楼梯在结构布置上有双梁布置和单梁布置之分。双梁式梯段系将梯段斜梁布置在踏步板的两端，这时踏步板的跨度便是梯段的宽度，也就是楼梯段斜梁间的距离。单梁时，梯段板一端搁置在楼梯间横墙上，虽然经济，但砌墙时墙上需预留支承踏步板的斜槽，施工麻烦。

梁式楼梯根据斜梁的不同分为明步楼梯和暗步楼梯，如图 2-78 所示。

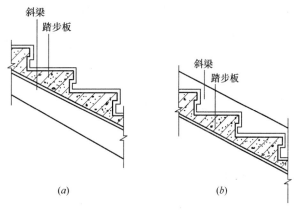

图 2-78　明步楼梯和暗步楼梯

(a) 明步楼梯；(b) 暗步楼梯

梁板式楼梯与板式楼梯相比，在板厚相同的情况下，梁板式楼梯可以承受较大的荷载。反之，荷载相同的情况下，梁板式楼梯的板厚可以比板式楼梯的板厚薄。

16　现浇钢筋混凝土楼梯中，踏步面层及防滑构造有哪些？

（1）踏步面层材料。楼梯的踏步面层应便于行走、耐磨、防滑，易于清洁，并要求美观。踏步面层的材料，视装修要求而定，常与门厅或走道的楼地面面层材料一致，常用的有水泥砂浆、水磨石、花岗岩和铺地砖等。

（2）防滑构造。在通行人流量大或踏步表面光滑的楼梯，为防止行人使用楼梯时滑跌，踏步表面应有防滑措施。通常在踏步近踏口处设防滑凹槽或防滑条，防滑材料可采用铁屑水泥、金刚砂、塑料条、橡胶条、金属条等。防滑条或防滑凹槽长度一般按踏步长度每边减去 150mm。还可采用耐磨防滑材料如缸砖、铸铁等做防滑包口，既防滑又起保护作用，如图 2-79 所示。标准较高的建筑，可铺地毯或防滑塑料或橡胶贴面，行走舒适。

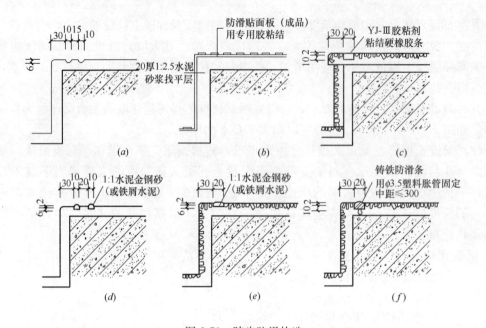

图 2-79 踏步防滑构造

(a) 防滑凹槽；(b) 防滑塑料板；(c) 防滑橡胶条；(d) 水泥面踏步水泥金钢砂防滑条；

(e) 现制磨石踏步水泥金钢砂防滑条；(f) 铸铁防滑条

17 现浇钢筋混凝土楼梯中，栏杆、栏板和扶手构造有哪些?

1. 栏杆

（1）栏杆的形式。楼梯栏杆形式很多，栏杆多采用圆钢 $\phi16\sim\phi25mm$、方钢 $15mm\times15mm\sim25mm\times25mm$、扁钢（$30\sim50$）$mm\times$（$3\sim6$）mm 和钢管 $\phi20\sim\phi50mm$ 等金属材料制作，如钢材、铝材、铸铁花饰等，如图 2-80 所示。

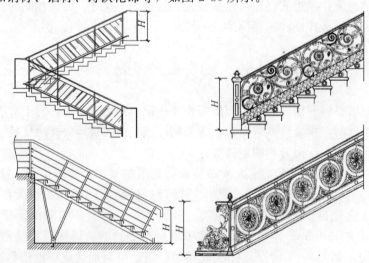

图 2-80 栏杆的形式

H—栏杆高度

栏杆应有足够的强度，能够保证在人多拥挤时楼梯的使用安全。为防止儿童穿过栏杆空当发生危险，竖向栏杆的净间距不应大于 110mm；经常有儿童活动的建筑，栏杆的分格应设计成不易儿童攀登的形式，以确保安全。

（2）栏杆与楼梯段连接构造。栏杆的垂直构件必须要与楼梯段有牢固、可靠的连接。目前，在工程上采用的连接方式主要有，预埋铁件焊接，即将栏杆的立杆与楼梯段中预埋的钢板或套管焊接在一起；预留孔洞插接，即将栏杆的立杆端部做成开脚或倒刺插入楼梯段预留的孔洞，用水泥砂浆或细石混凝土填实；螺栓连接等，如图 2-81 所示。

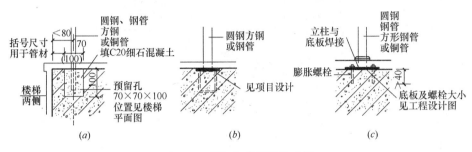

图 2-81　栏杆与楼梯段的连接
（a）埋入预留孔洞；（b）与预埋铁件焊接；（c）膨胀螺栓锚固底板，立杆焊在底板上

2. 栏板

栏板是用实体材料制作的，常用的有玻璃栏板、木栏板等，如图 2-82 所示。栏板的表面应平整光滑，便于清洗。栏板可以与梯段直接相连，也可以安装在垂直构件上。

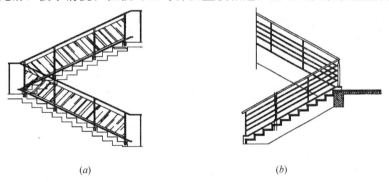

图 2-82　栏板构造
（a）玻璃栏板；（b）木栏板

3. 扶手

扶手应选用坚固、耐磨、光滑、美观的材料制作。扶手可以用优质硬木、金属材料（铁管、不锈钢、铝合金型材等）、工程塑料等，其中硬木扶手常用于室内楼梯，室外楼梯扶手常用的是金属和塑料材料。扶手的断面形式和尺寸应便于手握抓牢，扶手顶面宽度一般为 40～90mm。

楼梯扶手与栏杆应有可靠连接，连接方法视扶手材料而定，如图 2-83 所示。金属扶手与栏杆多用焊接；硬木扶手与金属栏杆的连接，通常是在金属栏杆的顶部先焊接一根带小孔的通长扁铁，然后用木螺丝将木扶手和栏杆连接成整体；塑料扶手与金属栏杆的连接方法和硬木扶手类似，塑料扶手也可通过预留的卡口直接卡在扁铁上；金属扶手与金属栏

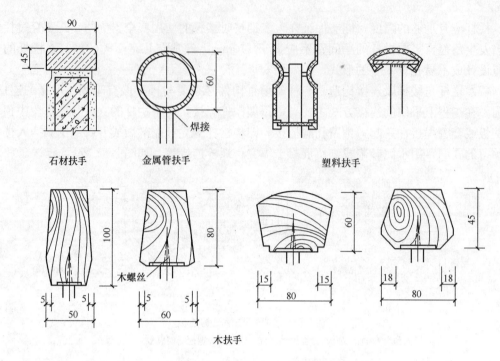

石材扶手　金属管扶手　　　塑料扶手

焊接

木螺丝

木扶手

图 2-83　扶手与栏杆连接构造

杆直接焊接。

18　现浇钢筋混凝土楼梯中，栏杆扶手转折处如何处理?

双跑楼梯在平台转折处，上行楼梯段和下行楼梯段的第一个踏步口常设在一条竖线上。下梯段的扶手在平台转弯处往往存在高差，需要在施工现场进行调整和处理。

当上下梯段齐步时，上下行扶手同时伸进平台半步，平顺连接，但这种做法的栏杆占用平台尺寸。平台较窄时，扶手不宜伸进平台，采用鹤颈扶手，费工费料，使用不便，已很少用。目前，工程上常用的方法是斜接、上下行梯段扶手断开或将上下行楼梯段错开一步，如图 2-84 所示。

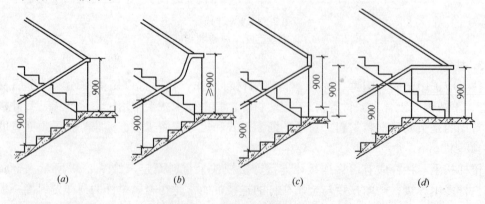

图 2-84　栏杆扶手转折处理
(a) 平顺扶手；(b) 鹤颈木扶手；(c) 斜接扶手；(d) 一段水平扶手

19 现浇钢筋混凝土楼梯中，扶手与墙如何连接？

楼梯扶手有时必须固定在侧面的砖墙或混凝土柱上，如顶层安全栏杆扶手、休息平台护窗扶手、靠墙扶手等。扶手与砖墙连接时，一般是在砖墙上预留 120mm×120mm×120mm 孔洞，将扶手或扶手铁件伸入洞内，用细石混凝土或水泥砂浆填实固牢；扶手与混凝土墙或柱连接时，一般是将扶手铁件与墙或柱上预埋铁件焊接，也可用膨胀螺栓连接或预留孔洞插接，如图 2-85 所示。

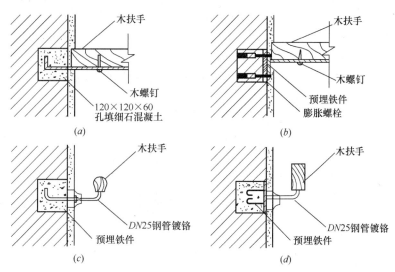

图 2-85　扶手与墙体的连接
(a) 木扶手与砖墙连接；(b) 木扶手与混凝土墙、柱连接；
(c) 靠墙扶手与砖墙连接；(d) 靠墙扶手与混凝土墙、柱连接

20 预制装配式钢筋混凝土楼梯的构造方式有哪些？

预制装配式钢筋混凝土楼梯是在预制厂或施工现场进行预制的，施工时将预制构件进行焊接、装配。与现浇钢筋混凝土楼梯相比，其施工速度快，有利于节约模板，提高施工速度，减少现场湿作业，有利于建筑工业化，但刚度和稳定性较差，在抗震设防地区少用。

预制装配式钢筋混凝土楼梯根据施工现场吊装设备的能力分为小型构件和大中型构件。

1. 小型构件装配式楼梯

小型构件装配式楼梯的构件小，便于制作、运输和安装，但施工速度较慢，适用于施工条件较差的地区。

小型构件按其构造方式可分为墙承式、梁承式和悬臂式。

（1）墙承式。墙承式是指预制钢筋混凝土踏步板直接搁置在墙上的一种楼梯形式，这种楼梯由于在梯段之间有墙，搬运家具不方便，使得视线、光线受到阻挡，感到空间狭

窄，整体刚度较差，对抗震不利，施工也较麻烦。

为了采光和扩大视野，可在中间墙上适当的部位留洞口，墙上最好装有扶手，如图2-86所示。

（2）梁承式。梁承式是指梯段有平台梁支承的楼梯构造方式，在一般大量性民用建筑中较为常用。安装时将平台梁搁置在两边的墙和柱上，斜梁搁在平台梁上，斜梁上搁置踏步。斜梁做成锯齿形和矩形截面两种，斜梁与平台用钢板焊接牢固，如图2-87所示。

（3）悬臂式。悬臂式是指预制钢筋混凝土踏步板一端嵌固于楼梯间侧墙上，另一端悬挑的楼梯形式，如图2-88所示。

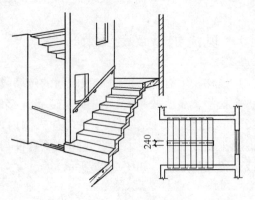

图 2-86 墙承式楼梯

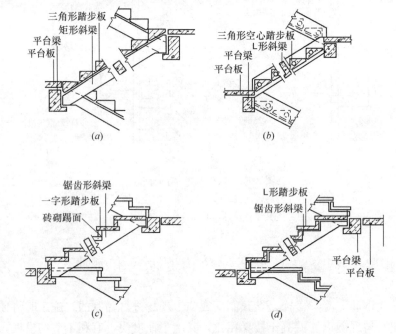

图 2-87 梁承式楼梯

（a）三角形踏步板，矩形斜梁；（b）三角形踏步板，L形斜梁；

（c）一字形踏步板，锯齿形斜梁；（d）L形踏步板，锯齿形斜梁

悬臂式钢筋混凝土楼梯无平台梁和梯段斜梁，也无中间墙，楼梯间空间较空透，结构占空间少，但楼梯间整体刚度较差，不能用于有抗震设防要求的地区。

2. 中型、大型构件装配式楼梯

（1）平台板。平台板根据需要采用钢筋混凝土空心板、槽板或平板。在平台上有管道井处，不应布置空心板。平台板平行于平台梁布置，利于加强楼梯间的整体刚度；垂直布置时，常用小平板，如图2-89所示。

（2）梯段。板式梯段有空心和实心之分，实心楼梯加工简单，但自重较大；空心梯

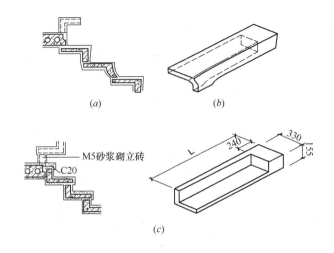

图 2-88　悬臂楼梯

(a) 悬臂楼梯；(b) 反L形踏步板；(c) 悬臂楼梯及正L形踏步板

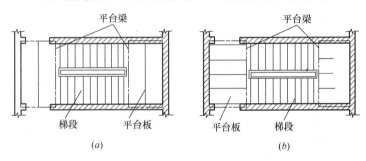

图 2-89　平台板布置方式

(a) 平台板平行于平台梁；(b) 平台板垂直与平台梁

段自重较小，多为横向留孔。板式梯段的底面平整，适用于住宅、宿舍建筑使用。

梁式梯段是把踏步板和边梁组合成一个构件，多为槽板式。为了节约材料、减轻其自重，对踏步截面进行改造，主要采取踏步板内留孔，把踏步板踏面和踢面相交处的凹角处理成小斜面，做成折板式踏步等措施。

21　钢楼梯的构造有哪些？

由钢材构成的钢楼梯有许多特点，即强度大、用材少、质量轻、施工简便、占地少等特点。一般用于工业与民用建筑，如图 2-90～图 2-98 所示。

从防火要求上说，钢楼梯属于半防火楼梯。

22　木楼梯的构造有哪些？

以木材为主体结构的楼梯叫木楼梯。其造价经济、施工便利，但由于木材的防火性能缺陷，因此，除了高级别墅和盛产木材的地区的低层民居常用木楼梯外，其他建筑就很少采用，如图 2-99～图 2-101 所示。

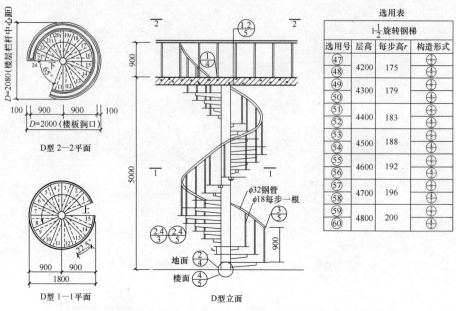

選用表

	1-½ 旋转钢梯		
选用号	层高	每步高 r	构造形式
㊼	4200	175	⊕
㊽			⊕
㊾	4300	179	⊕
㊿			⊕
51	4400	183	⊕
52			⊕
53	4500	188	⊕
54			⊕
55	4600	192	⊕
56			⊕
57	4700	196	⊕
58			⊕
59	4800	200	⊕
60			⊕

图 2-90　钢螺旋楼梯（一）

注：1. 钢螺旋楼梯仅适用于室内辅助楼梯。
　　2. 材料及做法：钢材——Q235 钢，电焊——电弧焊，焊条 E43，焊缝高度为 4～5mm，油漆——刷防锈漆一道，调合漆两道，油漆品种、颜色由设计人员定。
　　3. 施工质量应符合国家钢结构施工验收规范。

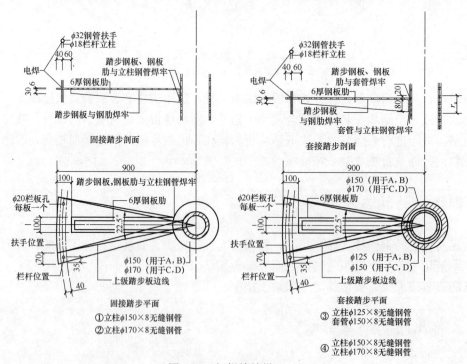

图 2-91　钢螺旋楼梯（二）

注：1. 图中 $r_a = r - 5$（一个焊缝高度）。
　　2. 踏步钢板采用 6mm 厚菱形花纹钢板。
　　3. 不锈钢管为外径尺寸，焊接管（扶手）为内径尺寸。

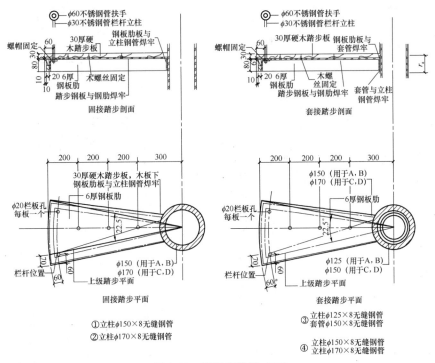

图 2-92 钢螺旋楼梯（三）

注：1. 图中 $r_a = r - 5$（一个焊缝高度）。
2. 本图为硬木板饰面，硬木踏步板采用 30mm 厚，材质由设计人员定。
3. 不锈钢管为外径尺寸，焊接管（扶手）为内径尺寸。

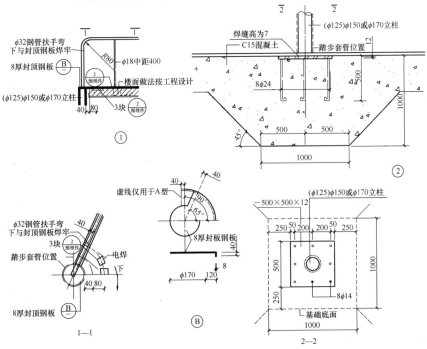

图 2-93 钢螺旋楼梯（四）

注：地基处理按工程设计。

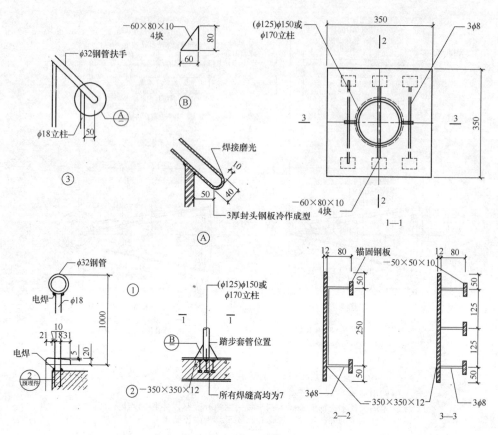

图 2-94　钢螺旋楼梯（五）

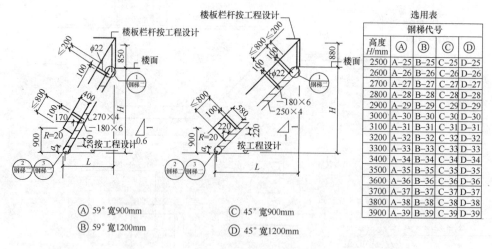

	钢梯代号			
高度 H/mm	Ⓐ	Ⓑ	Ⓒ	Ⓓ
2500	A-25	B-25	C-25	D-25
2600	A-26	B-26	C-26	D-26
2700	A-27	B-27	C-27	D-27
2800	A-28	B-28	C-28	D-28
2900	A-29	B-29	C-29	D-29
3000	A-30	B-30	C-30	D-30
3100	A-31	B-31	C-31	D-31
3200	A-32	B-32	C-32	D-32
3300	A-33	B-33	C-33	D-33
3400	A-34	B-34	C-34	D-34
3500	A-35	B-35	C-35	D-35
3600	A-36	B-36	C-36	D-36
3700	A-37	B-37	C-37	D-37
3800	A-38	B-38	C-38	D-38
3900	A-39	B-39	C-39	D-39

选用表

Ⓐ 59° 宽900mm　　　Ⓒ 45° 宽900mm

Ⓑ 59° 宽1200mm　　　Ⓓ 45° 宽1200mm

图 2-95　钢梯（一）

注：1. 本图钢梯高度 2500～3900mm，坡度为 45°及 59°两种，钢梯宽度为 900mm 及 1200mm 两种。
　　2. 梯段的高度级差为 100mm，梯的第一级踏步 a 的高度为可变尺寸。
　　3. 钢梯踏步每级按承受 1kN 集中荷载计算，梯梁按水平投影承受 2kN/m² 活荷载计算。
　　4. 钢材采用 Q235 钢，钢材连接用螺栓及焊接，焊接为电弧焊，焊条用 E43，焊缝高度为 4～5mm。
　　5. 构件制成后应进行检查，零件必须齐全，表面应平整光滑，不应有间断烧裂纹等，并刷防锈漆一道。
　　6. 构件安装完毕后再刷两道油漆，油漆品种及颜色由设计人员定。
　　7. 钢梯用于室内。

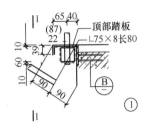

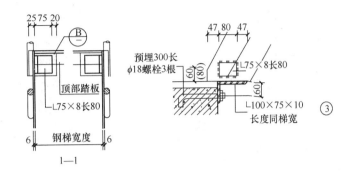

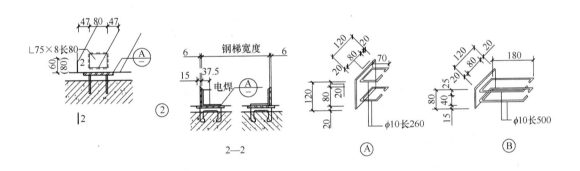

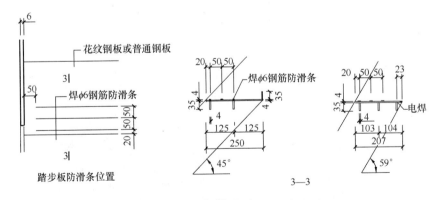

图 2-96　钢梯（二）

注：1. 踏步板应尽量采用花纹钢板（4mm 厚），采用花纹钢板时取消钢筋防滑条。

　　2. 括号内数字为钢梯 C，D 的尺寸。

　　3. 本图钢材连接除图示用螺栓者外其他均采用焊接。

　　4. 结构基础见单体设计。

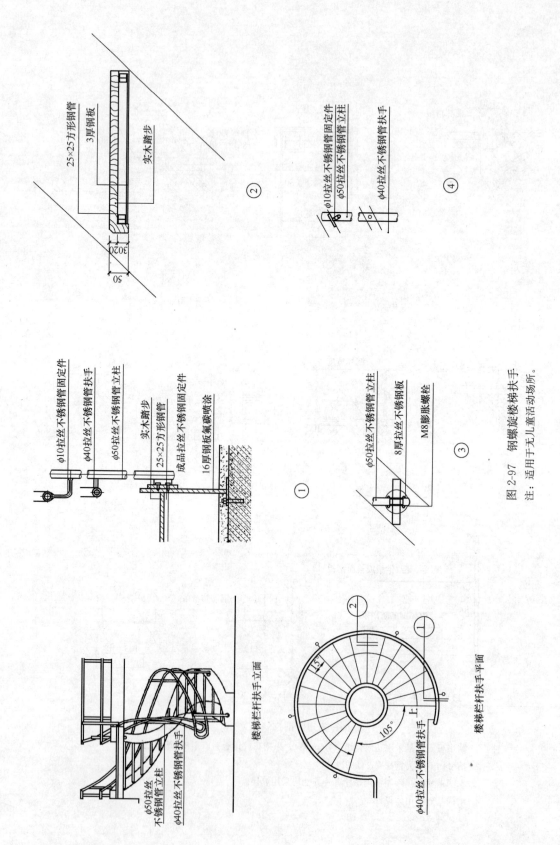

25×25方形钢管
3厚钢板
实木踏步

②

φ10拉丝不锈钢管固定件
φ50拉丝不锈钢管立柱

φ40拉丝不锈钢管扶手

④

φ10拉丝不锈钢管固定件
φ40拉丝不锈钢管扶手
φ50拉丝不锈钢管立柱
实木踏步
25×25方形钢管
成品拉丝不锈钢固定件
16厚钢板氟碳喷涂

①

φ50拉丝不锈钢管立柱
8厚拉丝不锈钢板
M8膨胀螺栓

③

图2-97　钢螺旋楼梯扶手
注：适用于无儿童活动场所。

楼梯栏杆扶手立面
φ50拉丝
不锈钢管立柱
φ40拉丝不锈钢管扶手

楼梯栏杆扶手平面
φ40拉丝不锈钢管扶手

68

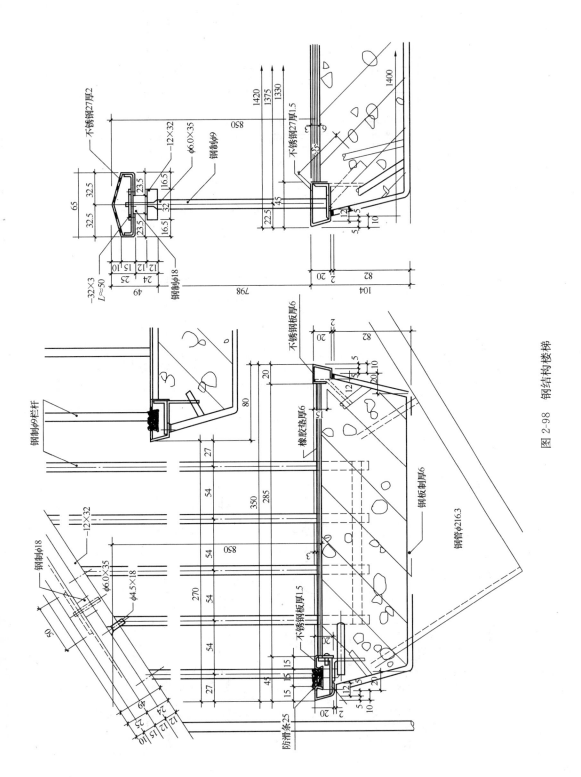

图 2-98　钢结构楼梯

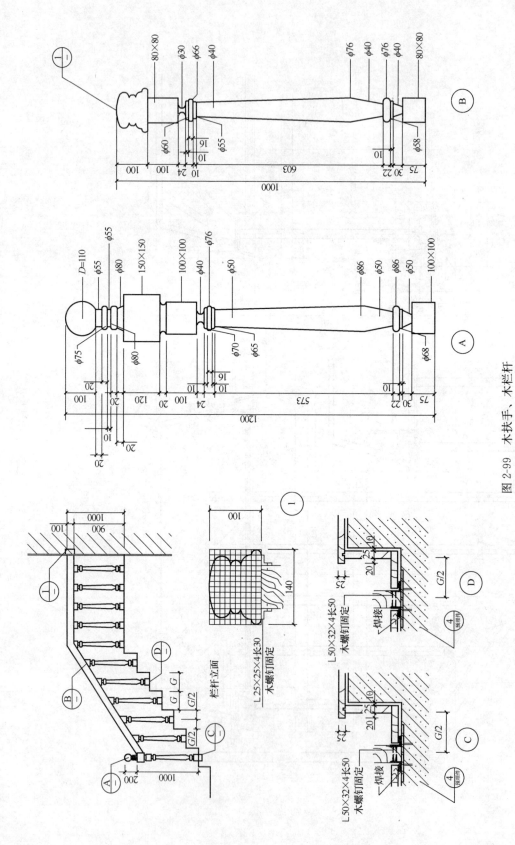

图 2-99 木扶手、木栏杆

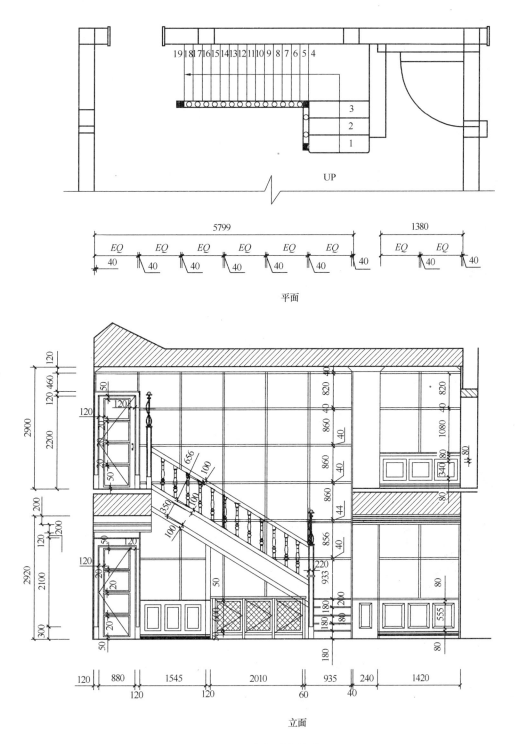

平面

立面

图 2-100 直角形木楼梯

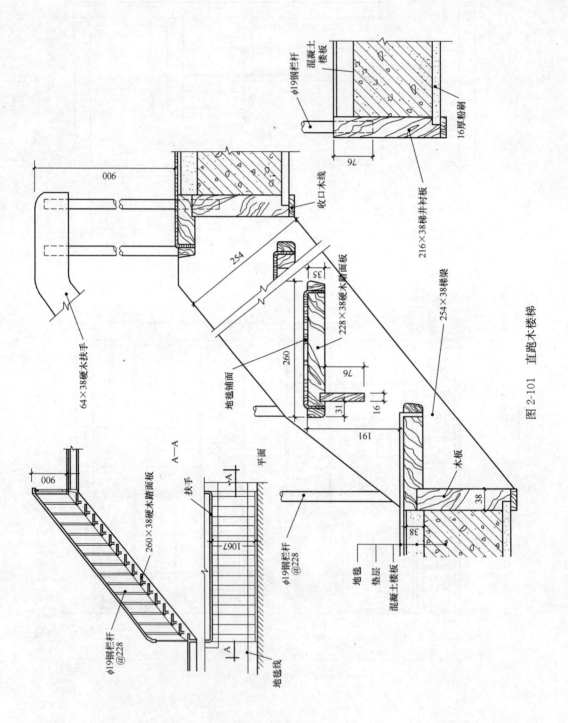

图 2-101　直跑木楼梯

混凝土楼板

φ19钢栏杆

16厚粉刷

216×38梯井衬板

254×38梯梁

228×38硬木踏面板

64×38硬木扶手

收口木线

254

260

35

76

31

16

161

地毯铺面

木板

38

38

地毯
垫层
混凝土楼板

006

260×38硬木踏面板

φ19钢栏杆
@228

地毯线

A—A

扶手

φ19钢栏杆
@228

1067

平面

A

A

23 钢木楼梯有哪些类型？

钢木楼梯是一种由钢和木材为主体结构的楼梯。一般构造做法是楼梯斜梁采用钢材，踏步采用木材。

钢木楼梯的使用范围很广，常用于家庭（包括别墅、阁楼、夹层、复式楼等）、酒店、宾馆、酒吧、大型商场、洗浴中心、超市、医院、综合办公楼等建筑的室内楼梯。无论空间、高度如何变化，都可以使用。楼梯以铁制或钢架结构为主，使现代居室内的楼梯以简洁通透的造型、轻盈灵动的结构、自然时尚的材质一改粗笨、款式老旧的格调。

（1）钢木楼梯的类型。按材质主要有铁艺楼梯（有锻打和铸铁两种）、钢木楼梯、玻璃楼梯等几种。

1）铁艺楼梯。铁艺楼梯是工业时代的产物，住宅内运用螺旋上升的铁艺楼梯，通过踏板及栏杆扶手的线条排列表现出动感和飘逸感，解决建筑内部空间狭小的问题。铁艺楼梯易与周围的环境达到风格一致。

2）钢木楼梯。钢木楼梯是木制品和铁制品的复合楼梯。有的楼梯扶手和护栏是铁制品，而梯段仍为木制品；也有的护栏为铁制品，扶手和楼梯板采用木制品。钢木组合楼梯多用钢制透空主梁（单梁及双梁）、实木踏板，栏杆采用铁艺、不锈钢、不锈钢与玻璃组合，扶手则采用与踏板配套的木制或高分子材料扶手，如图2-102、图2-103所示。

3）玻璃楼梯。玻璃楼梯具有强烈的现代感，轻盈，线条感性，耐用，不需任何维护。玻璃大都用磨砂的，不全透明，厚度在10mm以上，这类楼梯也用木扶手，如图2-104、图2-105所示。

（2）钢木楼梯的组成与构造。钢木楼梯由楼梯立柱、楼梯板、扶手和楼梯配件等组成，如图2-106所示。

24 室外台阶的构造有哪些？

室外台阶由平台和踏步构成，平台面应比门洞口每边宽出500mm左右，并比室内地坪低20～50mm左右，向外做出约1%的排水坡度。台阶踏步所形成的坡度应该比楼梯平缓，一般踏步宽度不小于300mm，高度不大于150mm。当室内外高差超过1000mm时，应在台阶临空一侧设置围护栏杆或栏板等设施。

台阶要在建筑物主体工程完成后再进行施工，并与主体结构之间留出约10mm的沉降缝。台阶的构造与地面相似，由面层、垫层、基层等构成，面层应采用水泥砂浆、混凝土、地砖、天然石材等耐气候作用的材料。在北方冰冻地区，室外台阶应该考虑抗冻要求，面层选择抗冻、防滑的材料，并且在垫层下设置非冻胀层或采用钢筋混凝土架空台阶，如图2-107所示。

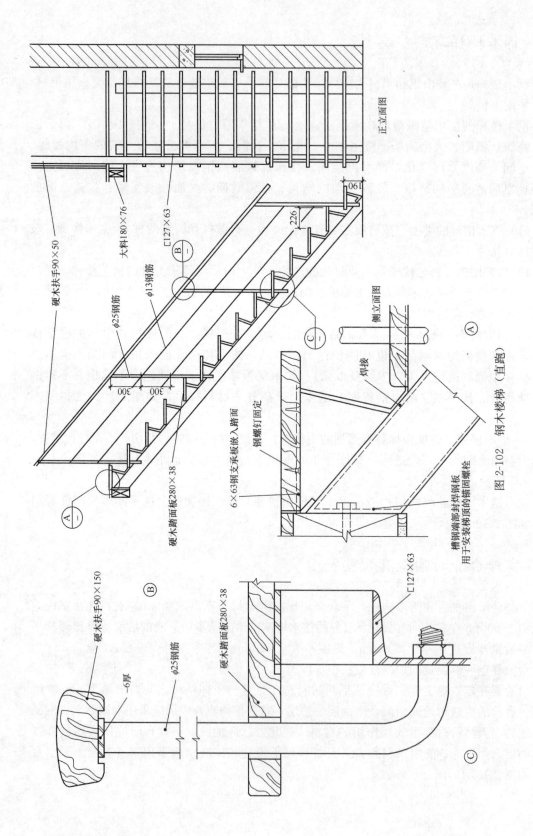

正立面图

硬木扶手90×50

大料180×76

Γ127×63

φ25钢筋

φ13钢筋

Ⓑ

Ⓒ

226

061

300 300 300

硬木踏面板280×38

Ⓐ

6×63钢支承板嵌入踏面

钢螺钉固定

侧立面图

焊接

Ⓐ

槽钢端部封焊钢板
用于安装梯顶的锚固螺栓

Γ127×63

图 2-102　钢木楼梯（直跑）

Ⓑ

硬木扶手90×150

-6厚

φ25钢筋

硬木踏面板280×38

Γ127×63

Ⓒ

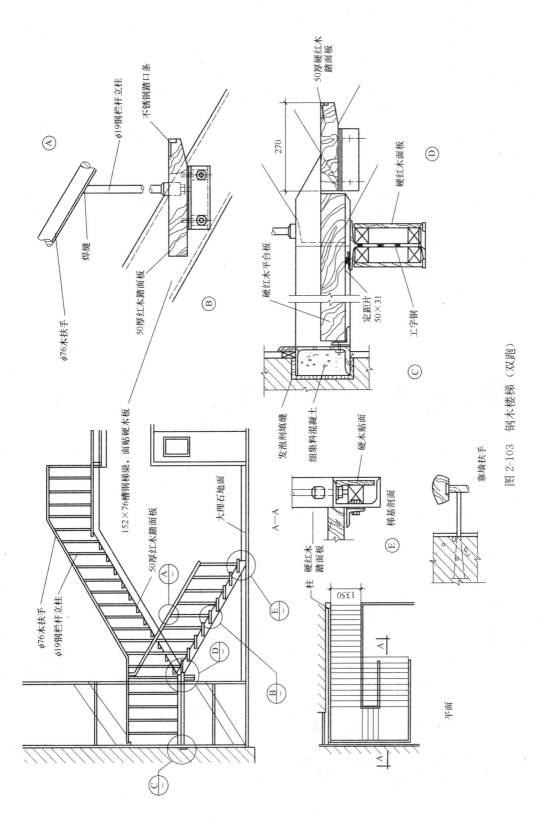

φ76木扶手

焊缝

φ19钢栏杆立柱

不锈钢踏口条

50厚硬木踏面板

50厚红木踏面板

270

硬红木平台板

定距片 50×31

硬红木踏面板

硬红木面板

工字钢

发泡剂填缝

细集料混凝土

硬木贴面

152×76槽钢梯梁，面贴硬木板

φ76木扶手

φ19钢栏杆立柱

50厚红木踏面板

大理石地面

硬红木踏面板

硬木贴面

梯基剖面

柱

靠墙扶手

1350

平面

图2-103　钢木楼梯（双跑）

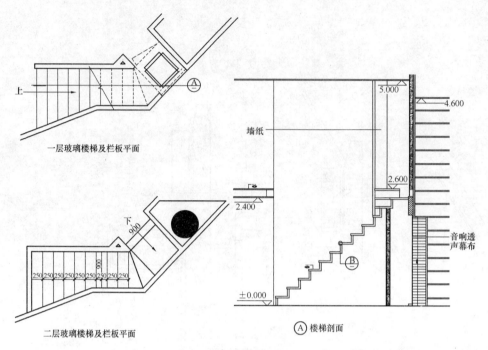

图 2-104　玻璃楼梯（一）

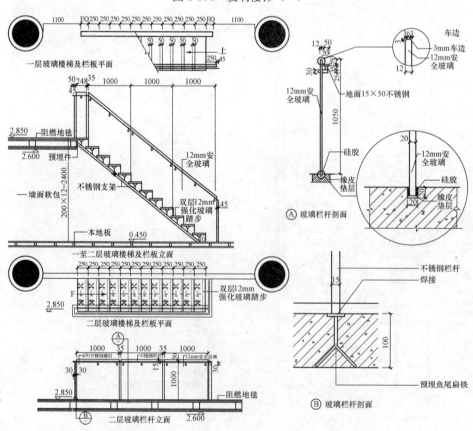

图 2-105　玻璃楼梯（二）

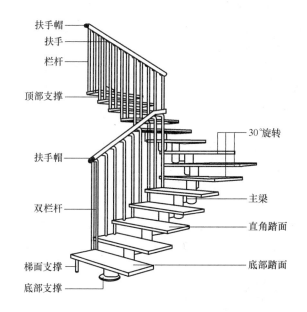

图 2-106　钢木楼梯组成

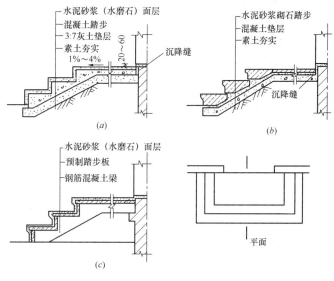

图 2-107　台阶类型及构造

（a）混凝土台阶；（b）石台阶；（c）钢筋混凝土架空台阶

25　室外坡道的构造有哪些？

坡道可分为行车坡道和轮椅坡道，行车坡道又可分为普通坡道，如图 2-108（a）所示，和回车坡道，如图 2-108（b）所示。普通坡道一般设在有车辆进出的建筑（如车库）出入口处；回车坡道一般设在公共建筑（如办公楼、旅馆、医院等）出入口处，以使车辆能直接开行至出入口处；轮椅坡道是专供残疾人和老人使用的，一般设在公共建筑的出入口处和市政工程中。

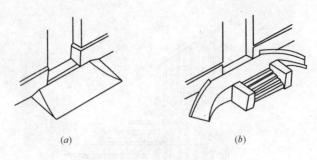

图 2-108　坡道的形式

(a) 普通坡道；(b) 回车坡道；

考虑人在坡道行走时的安全，坡道的坡度受面层做法的限制：光滑面层坡道不大于
1：12,粗糙面层坡道（包括设置防滑条的坡道）不大于 1：6，带防滑齿的坡道不大于 1：4。

坡道的构造与台阶基本相同，垫层的强度和厚度要根据坡道上的荷载来确定，冰冻地
区的坡道需在垫层下设置非冻胀层，如图 2-109 所示。

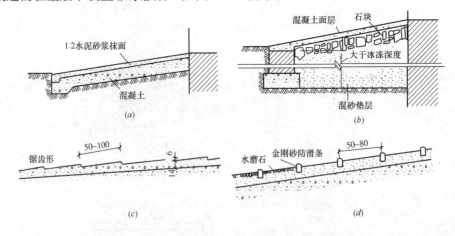

图 2-109　坡道构造

(a) 混凝土坡道；(b) 块石坡道；(c) 防滑锯齿槽坡面；(d) 防滑条坡面

26　哪些建筑物需要设置电梯？

电梯一般用于高层建筑和部分多层建筑中，如 7 层以上或入口层楼面距室外设计地面
的高度超过 16m 以上的住宅必须设置电梯；4 层及 4 层以上的设有阅览室的图书馆建筑、
档案馆建筑、医疗建筑、老年人建筑应设电梯；5 层及 5 层以上的办公建筑应设电梯；3
层及 3 层以上的一、二级旅馆，4 层及 4 层以上的三级旅馆，6 层及 6 层以上的四级旅馆，
7 层及 7 层以上的五、六级旅馆应设乘客电梯；最高居住层的楼地面距入口层地面的高度
大于 20m 的宿舍建筑应设电梯。

27　电梯有哪些分类方式？

电梯根据动力拖动的方式可以分为交流拖动电梯、直流拖动电梯和液压电梯。电梯根

据用途可以分为乘客电梯、病房电梯、载货电梯和小型杂物电梯等，如图 2-110 所示。

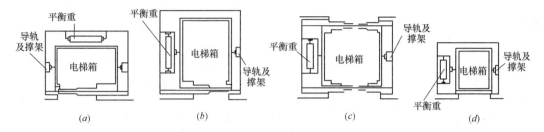

图 2-110　电梯的类型

(a) 客梯（双扇推拉门）；(b) 病床梯（双扇推拉门）；

(c) 货梯（中分双扇推拉门）；(d) 小型杂物梯

28　电梯与自动扶梯的设计要求有哪些?

(1) 电梯已经成为建筑中常用的设备，解决人们在建筑中的垂直交通问题。当住宅建筑在 7 层及以上时或最高层楼面高度在 16m 以上时需设置电梯。有的建筑级别较高或使用的特殊需要也可设置电梯。部分高层及超高层建筑，为了满足疏散和救火的需要，除了要设置乘客电梯外还要设置消防电梯。

(2) 自动扶梯适用于有大量人流上下的公共场所，如车站、超市、商场、地铁车站等。自动扶梯可正、逆两个方向运行，可作提升及下降使用，机器停转时可作普通楼梯使用。

自动扶梯的坡道比较平缓，一般采用 30°，运行速度为 0.50～0.70m/s，宽度按输送能力有单人和双人两种。其型号规格如表 2-2 所示。

自动扶梯型号规格　　　　　　　　　　　　　　　　表 2-2

楼型	输送能力/（人/h）	提升高度 H/m	速度/（m/s）	楼梯宽度	
				净宽 B/mm	外宽 B_1/mm
单人梯	5000	3～10	0.50	600	1350
双人梯	8000	3～8.5	0.50	1000	1750

29　电梯与自动扶梯是由哪些部分组成的?

1. 电梯

(1) 电梯井道

电梯井道是电梯运行的通道，井道内包括出入口、电梯轿厢、导轨、导轨撑架、平衡重及缓冲器等。不同用途的电梯，井道的平面形式是不同的，如图 2-110 所示。

(2) 电梯机房

电梯机房一般设在井道的顶部。机房和井道的平面相对位置允许机房任意向 1 个或 2 个相邻方向伸出，并满足机房有关设备安装的要求。机房楼板应按机器设备要求的部位预留孔洞。

（3）井道地坑

井道地坑在最底层平面标高下不小于1.40m，考虑电梯停靠时的冲力，作为轿厢下降时所需的缓冲器的安装空间。

（4）组成电梯的有关部件

1）轿厢是直接载人、运货的厢体。电梯轿厢应造型美观，经久耐用，当今轿厢采用金属框架结构，内部用光洁有色钢板壁面、花格钢板地面、荧光灯局部照明以及不锈钢操纵板等，入口处则采用钢材或坚硬铝材制成的电梯门槛。

2）井壁导轨和导轨支架是支撑、固定轿厢上下升降的轨道。

3）牵引轮及其钢支架、钢丝绳、平衡重、轿厢开关门、检修起重吊钩等。

4）有关电器部件：交流电动机、直流电动机、控制柜、继电器、选层器、动力、照明、电源开关、厅外层数指示灯和厅外上下召唤盒开关等。

2. 自动扶梯

（1）自动扶梯是由电动机械牵动梯段踏步连同栏杆扶手带一起运转的。

（2）机房悬挂在楼板下面，自动扶梯的基本尺寸如图2-111所示。

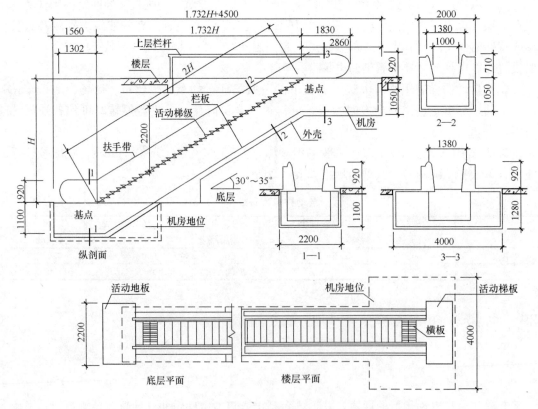

图2-111 自动扶梯基本尺寸

30 无障碍建筑的楼梯应如何设计？

建筑物的无障碍设计包括以下内容：

（1）无障碍的内部交通系统，即建筑物的入口、坡道、通道和地面、门、楼梯与台阶、扶手、电梯与升降平台。

（2）无障碍的公共设施，包括公共厕所、公共浴室、安全抓杆、轮椅席位、残疾人车位、无障碍客房。

（3）无障碍住宅，包括居室、厨房、卫生间、门扇、窗扇、门厅、过道、阳台。

无障碍建筑的楼梯应满足以下设计要求：

（1）采用有踢面、有休息平台、梯段为直线形的楼梯。

（2）公共建筑梯段宽度不应小于1.50m，居住建筑梯段宽度不应小于1.20m。

（3）楼梯两侧应设扶手；扶手起点与终点水平外延伸应大于或等于0.30m；扶手末端应向内拐到墙面，或向下延伸0.10m，栏杆式扶手应向下成弧形或延伸到地面上固定；扶手抓握截面为35～45mm，侧面与墙面距离为40～50mm，并与墙面颜色要有区别；扶手高0.85m，需设两层扶手时，下层扶手高0.65m。

（4）栏杆式楼梯，在栏杆下方的踏面上设高50mm的安全挡台，挡台可做成水平式或斜式。

（5）踏面应防滑，踏面与踢面的颜色宜有区别，踏步的突缘应避免直角形。

（6）距踏步起点与终点25～30cm处应设提示盲道。

31　电梯的无障碍设计应符合哪些规定？

（1）无障碍电梯的候梯厅深度不宜小于1.50m，公共建筑及设置病床梯的候梯厅深度不宜小于1.80m。

（2）电梯厅按钮高度为0.90～1.10m。

（3）电梯门洞净宽度不宜小于0.90m。

（4）电梯厅应设电梯运行显示装置和抵达音响。

（5）每层电梯口应安装楼层标志，电梯入口处应设提示盲道。

（6）电梯轿厢无障碍设施与配件要求如下：电梯轿厢门开启净宽度不应小于0.80m，门扇关闭时应有安全措施；在轿厢侧壁上设高0.90～1.10m带盲文的选层按钮；在轿厢三面壁上设高0.85～0.90m的扶手；轿厢在上下运行中与到达时应有清晰显示装置和报层音响；在轿厢正面壁上距地0.90m至顶部应安装镜子；电梯轿厢的规格，应依据建筑性质和使用要求的不同而选用，最小规格为1.40m×1.10m（轮椅可直接进出电梯），中型规模为1.70m×1.40m（轮椅可在轿厢内旋转180°，正面驶出电梯），医疗与老年人等居住建筑应选用担架可进入的电梯轿厢。电梯的无障碍设计，如图2-112所示。

32　什么是电梯门套？

门套在木门装修中叫大头板、贴脸，如图2-113所示。电梯厅门是轿厢到达层站的出入洞门，洞口的墙面和洞顶的梁底都需要进行装修，它不同于门樘子，是平整的板材装修，选用材料是按设计者构想，并与室内设计相协调。

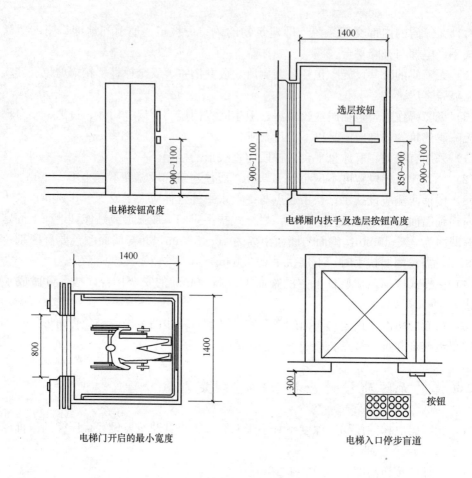

電梯按鈕高度

電梯厢内扶手及選層按鈕高度

選層按鈕

電梯門開啟的最小寬度

電梯入口停步盲道

按鈕

图 2-112　无障碍电梯

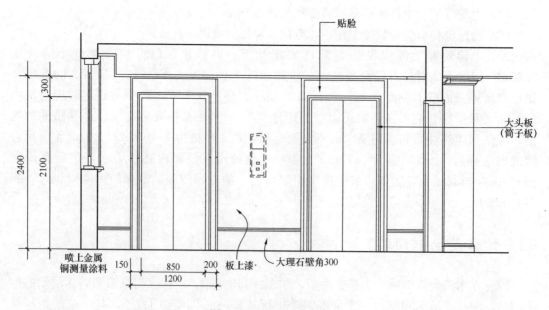

贴脸

大头板
（筒子板）

喷上金属
铜测量涂料

板上漆

大理石壁角300

图 2-113　电梯门套立面

82

33 电梯水泥砂浆门套构造措施有哪些?

水泥砂浆是一种最经济、常用的饰面材料,一般常用于普通高层住宅的电梯厅门套和体现现代主义风格的建筑中,如图 2-114 所示。

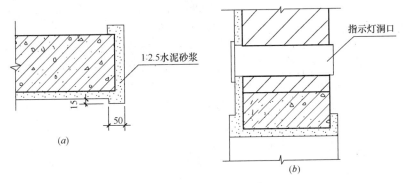

图 2-114 水泥砂浆门套
(a) 洞口两侧;(b) 洞口顶部

34 电梯木板门套构造措施有哪些?

木板门套常配合室内木装修取得风格一致,它的用材都是选用较高级的硬木,给人以一种亲切温馨的感觉,如图 2-115 所示。

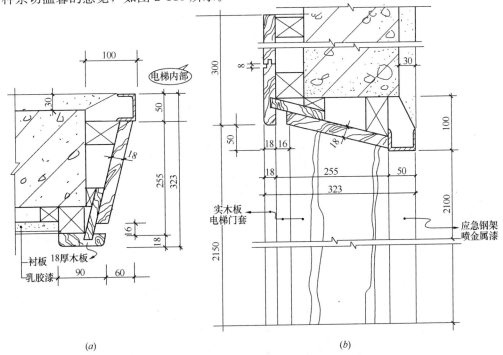

图 2-115 实木板电梯门套
(a) 洞口两侧;(b) 洞口顶部

35 电梯人造石门套构造措施有哪些？

人造石是一种新颖的饰面材料，如人造大理石、微晶石、玻化石等，可制成预定尺度的板块。人造饰面材料体现一种亮丽、统一的特点，如图 2-116、图 2-117 所示。

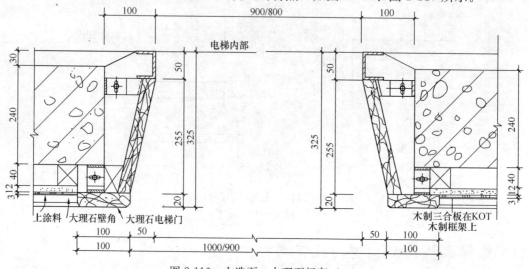

图 2-116 人造石、大理石门套（一）

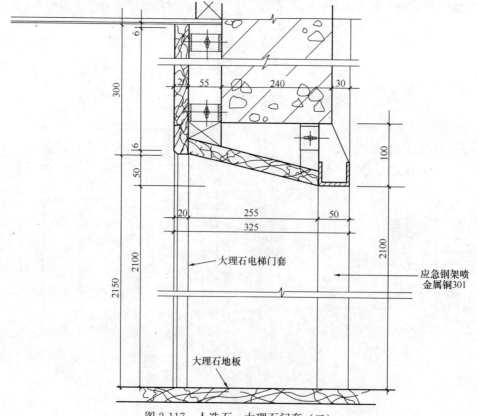

图 2-117 人造石、大理石门套（二）

36 电梯天然大理石、天然花岗岩门套构造措施有哪些?

大理石的材质较好,通常适用于室内装修用材标准较高的建筑,电梯厅门套常选用天然大理石或花岗岩,使之更光彩夺目,如图 2-116、图 2-117 所示。

37 电梯钢板、不锈钢板门套构造措施有哪些?

金属板装修电梯厅门套广泛应用在现代建筑中,一般建筑用钢板做门套;装修用材标准较高时,则常用镜面不锈钢板做门套,它的质感给人以新颖、明快、现代的感觉,如图 2-118 所示。

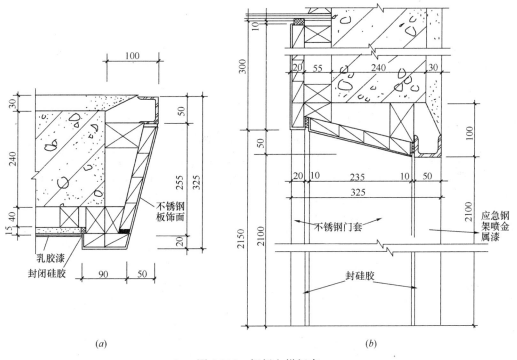

图 2-118 钢板电梯门套
(a) 洞口两侧;(b) 洞口顶部

第3章 楼梯结构设计原理

1 楼梯的结构形式有哪些？

楼梯按施工方法的不同，可分为装配式楼梯和现浇式楼梯。装配式楼梯适用于大量定型设计的民用房屋，预制构件的划分则根据施工要求确定，目前较多采用的是将楼梯斜段做成一个单独构件。现浇式楼梯多用于非定型设计的建筑中，其整体刚性好，但模板费用较多，且施工速度较慢。

按结构形式和受力特点，楼梯形式可分为板式、梁式、悬挑（剪刀）式和螺旋式，前两种属于平面受力体系，后两种则为空间受力体系。

2 板式楼梯的传力途径是怎样的？

楼梯一般是由梯段、平台梁和平台板组成。板式楼梯的梯段是一块斜板，外形呈锯齿形，一端支承在平台梁上，另一端支承在楼层梁上（底层梯段的下端支承在地垄墙上）。

当楼梯间侧墙是承重墙时，平台梁搁置在侧墙上。在框架结构中，常在平台梁两端设置平台柱，平台柱支承在层间框架梁上。在底层，平台柱支承在基础上。

板式楼梯的传力途径一般如图 3-1 所示。

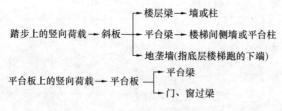

图 3-1 板式楼梯的传力途径

斜板是斜向支承的单向板，计算轴线是倾斜的，所以斜板最小的正截面高度是指锯齿形踏步凹角处垂直于计算轴线的最小板厚，用 h 表示，因为正截面受弯承载力的计算等都是以它为基础的，所以通常就称 h 为板式楼梯的板厚，为了保证斜板有足够的刚度，一般可取：

$$h = \left(\frac{1}{25} \sim \frac{1}{30} \right) l'_n$$

式中 l'_n——斜板的斜向净跨度。

这里一撇表示斜向的跨度，下角码 n 表示净跨。当楼梯活荷载较大时，例如 3.5kN/m²，取 1/25；反之，例如 1.5kN/m²，则取 1/30。

现浇板式楼梯的结构设计包括斜板设计、平台梁设计和平台板设计三部分内容。

3 板式楼梯中的荷载如何计算？

楼梯的荷载有永久荷载和可变荷载两种，它们都是竖向作用的重力荷载。梯段跑的荷载项目，如图 3-2 所示。

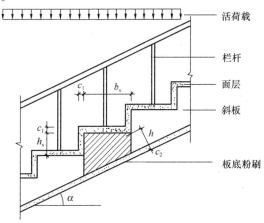

图 3-2 梯段跑的荷载项目

b_s—踏步宽度；h_s—踏步高度；h—斜板厚度；c_1—踏步面层厚度；c_2—板底粉刷厚度；α—斜板倾角

（1）楼梯的活荷载计算

楼梯的活荷载是按水平投影面 $1m^2$ 上的荷载来计量的，按《建筑结构荷载规范》（GB 50009—2012）取用。

工业建筑生产车间的楼梯活荷载按实际情况采用，但不宜小于 $3.5kN/m^2$。

活荷载的分项系数 γ_Q，一般情况下取 1.40，当活荷载标准值不小于 $4kN/m^2$ 时，取 1.30。

（2）楼梯的恒荷载计算

为了与活荷载的计算相协调，楼梯的恒荷载亦采用按水平投影面 $1m^2$ 来计算。

平台板恒荷载的计算方法与一般钢筋混凝土平板相同。

梯段的恒荷载主要包括楼梯栏杆、踏步面层、锯齿形斜板以及板底粉刷等自重，当铺设地毯时，还应考虑地毯等的自重。

楼梯栏杆自重，按水平投影长度 1m 计算。轻型金属栏杆自重可取 $0.2kN/m$，实腹栏杆按实际计算。

在水平投影 $1m^2$ 内踏步面层、锯齿形斜板的自重，可以用 1 个踏步范围内的材料自重来计算，然后折算为 $1m^2$ 的自重。

楼梯踏步面层自重，应包括踏步的顶面和侧面两部分，按下式计算：

$$1 \times (b_s + h_s)c_1\gamma_1/b_s = (b_s + h_s)c_1\gamma_1/b_s \tag{3-1}$$

锯齿形斜板一个踏步的断面为梯形截面（图 3-2 中的斜线部分），其水平投影 $1m^2$ 的自重按下式计算：

$$1 \times \frac{\dfrac{h}{\cos\alpha} + \left(h_s + \dfrac{h}{\cos\alpha}\right)}{2} b_s\gamma_2/b_s = \left(\frac{h}{\cos\alpha} + \frac{h_s}{2}\right)\gamma_2 \tag{3-2}$$

87

板底粉刷自重按下式计算：

$$1 \times 1 \times c_2 \frac{1}{\cos\alpha}\gamma_3 = \frac{c_2}{\cos\alpha}\gamma_3 \tag{3-3}$$

式中　b_s、h_s——分别为三角形踏步的宽和高；

　　　c_1——楼梯踏步面层厚度，通常取：

　　　　　水泥砂浆面层　$c_1 = 15\sim25mm$

　　　　　水磨石面层　$c_1 = 28\sim35mm$；

　　　α——楼梯斜板的倾角；

　　　h——斜板的厚度；

　　　c_2——板底粉刷的厚度；

γ_1、γ_2、γ_3——材料表观密度，如表 3-1 所示。

材料表观密度　　　　　　　　　　　　　　　　　　　　　表 3-1

材料名称	水泥砂浆	钢筋混凝土	水磨石混凝土	纸筋石灰泥
表观密度 $\gamma/$ (kg/m^3)	2000	2500	2500	1600

楼梯的恒荷载为上述几项之和，为了计算方便，楼梯栏杆自重可近似地认为都作用在 1m 宽斜板的计算单元上。

4　板式楼梯的内力计算包括哪些内容？

锯齿形斜板斜向搁置在平台梁和楼层梁上（底层斜板的下端搁置在地垄墙上），如图 3-3（a）所示，其计算简图如图 3-3（b）所示。

作用在斜板计算单元上的荷载为均布线荷载 p，它等于均布活荷载 q 和均布恒荷载 g 两部分之和。

把 p 分解为两个分力：$p\cos\alpha$ 和 $p\sin\alpha$。$p\sin\alpha$ 与斜板计算轴线平行，在斜板中产生轴向力，由于 α 角通常不大，所以可不计轴向力的影响，斜板按受弯构件计算。$p\cos\alpha$ 垂直于斜板，使斜板弯曲，如图 3-3（c）所示。注意，$p\cos\alpha$ 是按水平投影长度计算的，而水平投影长度 1m 的斜长为 $1/\cos\alpha$，故当把它改为沿斜长的均布荷载时，应是 $p\cos\alpha/(1/\cos\alpha) = p\cos^2\alpha$，所以图 3-3($c$)中的均布线荷载为 $p\cos^2\alpha$，图中也示出了在 $p\cos^2\alpha$ 作用下的弯矩图和剪力图。

这里，跨中最大弯矩为

$$M' = \frac{1}{8}p\cos^2\alpha\left(\frac{l_n}{\cos\alpha}\right)^2 = \frac{1}{8}pl_n^2 \tag{3-4}$$

式中　M'——它是按斜向考虑的，它所作用的正截面高度为 h。

由式（3-4）可知，斜板跨中正截面最大弯矩 M' 就相当于这样一根假想的水平简支板的跨中弯矩，此板的计算跨度等于斜板的水平投影净跨长 l_n，承受竖向均布荷载 p 的作用，如图 3-3（d）所示。产生这种等效的原因是，板是斜的，而荷载是竖向的，并且是按水平投影面来计量的。

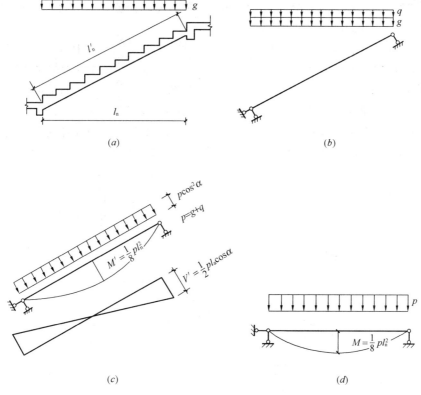

图 3-3　板式楼梯内力计算图

(*a*) 锯齿形斜板；(*b*) 计算简图；(*c*) 斜板弯曲；(*d*) 竖向均布荷载 *p*

考虑到斜板的两端实际上是与平台梁和楼层梁整浇的，支座有部分嵌固作用，故斜板跨中正截面的设计弯矩通常可近似地取 $M' = \frac{1}{10} p l_n^2$，也有按 $\frac{1}{12} p l_n^2$ 计算的。当底层梯段的下端支承在砖砌的地垄墙上时，应按 $M' = \frac{1}{10} p l_n^2$ 计算，这时 l_n 在下端应算至地垄墙的中心线处。

与一般的钢筋混凝土板一样，楼梯斜板也不必进行斜截面受剪承载力的计算，所以斜板的剪力设计值是可以不计算的。

5　板式楼梯的截面设计及构造要求

斜板的正截面承载力是按最小的正截面高度 *h* 来计算的，三角形踏步在正截面承载力计算中是不予考虑的。

根据跨中正截面受弯承载力的要求，算出斜板内底部纵向受力钢筋的截面面积，并选配纵向受力钢筋。纵向受力钢筋通常采用 $\phi 10 \sim \phi 14 \text{mm}$，$@100 \sim @200 \text{mm}$，沿斜向布置，为了增加截面的有效高度，纵向受力钢筋应放的钢筋在水平分布钢筋的外侧。斜板的水平分布钢筋通常在每一个踏步下放一根 $\phi 6 \text{mm}$，或者采用 $\phi 6 @300$ 沿斜长布置。

考虑到平台梁及楼层梁对斜板的嵌固影响，将在斜板的支座上产生负弯矩，因此必须在斜板端部的上部配置与跨中纵向受力钢筋相同数量的承受负弯矩的钢筋，其伸出支座的斜向长度为 $l'_n/4$，如图 3-4（a）所示。

斜板的配筋形式有连续式和分离式两种。连续式配筋是先按跨中弯矩确定斜板底部的纵向受力钢筋的直径和间距，然后在离支座边缘两端斜长 $l'_n/6$ 处各弯起 1/2 作为斜板端部承受负弯矩的钢筋，不足部分再另加植钢筋，如图 3-4（b）所示，直筋应伸入斜板内离支座边缘 $l_n/4$ 处。连续式配筋锚固好，可节省用钢量，但施工麻烦。

现在常用的是分离式配筋，如图 3-4（c）所示。上部负钢筋也应伸入斜板内离支座边缘 $l_n/4$ 处。这种配筋方式钢筋锚固差，耗钢量多，但施工方便。

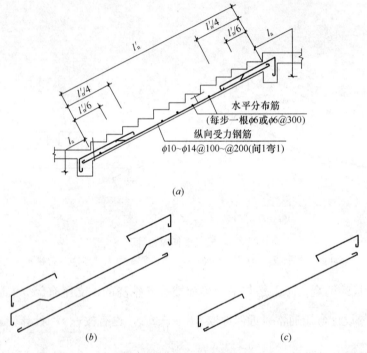

图 3-4　板式楼梯钢筋构造

（a）斜板钢筋配置；（b）连续式配筋；（c）分离式配筋

不论是连续式配筋或者分离式配筋，端部的上部负钢筋必须锚入支座，其伸入支座长度应不小于 l_a，l_a 为受拉钢筋的最小锚固长度。

6　板式楼梯的平台板设计包括哪些内容？

平台板通常是四边支承板。一般近似地按短跨方向的简支单向板来设计。在短跨方向，平台板内端与平台梁整结，外端或者简支在砖墙上，或者与门、窗过梁整结。当平台板简支在砖墙时，平台板的跨中设计弯矩取 $M=\dfrac{1}{8}pl_2^2$，l_2 为平台板的计算跨度，$l_2=l_{2n}+\dfrac{h_2}{2}$，$l_{2n}$ 为平台板的净跨度，h_2 为板厚；当平台板外端与门、窗过梁整结时，考虑支座的部分嵌固作用，可取跨中设计弯矩 $M=\dfrac{1}{10}pl_{2n}^2$。这里均布荷载 p 包括楼梯的活荷载 q

和平台板的自重 g。

为了承受在平台板支座附近可能出现的负弯矩，在平台板端部附近的上部应配置承受负弯矩的钢筋，其数量可与跨中钢筋相同，伸出梁边或墙边 $l_{2n}/4$。

平台板的跨度一般比斜板的水平跨度要小，当相差悬殊时，就可能在平台板跨中出现较大的负弯矩，因此，这时应验算跨中正截面承受负弯矩的能力，必要时，在跨中上部应配置受力的负钢筋。

在另一方向，即平台板跨度大的方向，平台板搁置在砖墙上或与梁整结。不论哪种情况，都要考虑支座处的部分嵌固作用，因此在板面也必须配置构造钢筋以承担负弯矩，板面构造钢筋通常采用 $\phi6@200$，如图 3-5 所示。

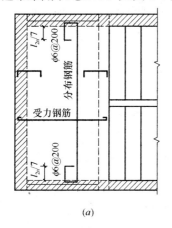

图 3-5 平台板的配筋构造
(a) 平面图；(b) 剖面图

有时平台板也可能是三边支承板，例如在外纵墙处有很大的窗洞通过平台板时，平台板就成为支承在平台梁和两侧楼梯间墙上（或梁上）的三边支承板，其内力计算可查现成的系数表。

7　板式楼梯的平台梁设计包括哪些内容？

平台梁两端搁置在楼梯间两侧的砖墙上，或与立在框架梁上的短柱相整结。平台梁按简支梁设计，承受平台板和斜板传来的均布线荷载，计算简图如图 3-6 所示。计算时可略去中间的空隙，按荷载布满全跨考虑。

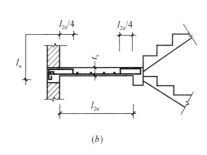

图 3-6 平台梁计算简图

图 3-6 中，p_1 为平台梁自重及平台板传来的均布荷载；p_2 和 p_3 分别为上、下斜板传来的均布荷载，当上、下梯段跨度相等时，可取 $p_2 = p_3$。

因此，平台梁跨中正截面弯矩设计值为

$$M = \frac{1}{8} p l_3^2$$

平台梁支座截面的剪力设计值为

$$V = \frac{1}{2} pl_{3n}$$

式中　p——平台梁的均布线荷载，$p = p_1 + p_2$；

　　　　l_3——平台梁的计算跨度。当平台梁搁置在两侧砖墙上时，取 $l_3 = l_{3n} + a$，l_{3n} 为平台梁的净跨，a 为一端的支承长度；当平台梁与立在框架梁上的短柱整结时，取 $l_3 = l_{3n}$。

平台梁的计算方法与构造要求同受弯构件。

当平台板与梁均为现浇时，平台梁的正截面为倒 L 形，由于截面不对称，为安全考虑，计算时可不考虑翼缘的作用，近似地按矩形截面计算。同时，考虑到平台梁两侧的荷载不相同，会使平台梁受扭，故在平台梁内宜酌情增加纵筋和箍筋的用量。

8　举例说明现浇板式楼梯的设计计算

【例 3-1】　某实验楼采用现浇板式楼梯，混凝土强度等级为 C20，钢筋直径 $d \geqslant 12\text{mm}$ 时采用 II 级钢筋，$d \leqslant 10\text{mm}$ 时采用 I 级钢筋，楼梯活荷载为 2.5kN/m^2。

楼梯的结构布置如图 3-7 所示。斜板两端与平台梁和楼梯梁整结，平台板一端与平台梁整结，另一端则与窗过梁整结，平台梁两端都搁置在楼梯间的侧墙上。试对此现浇板式楼梯进行结构设计。

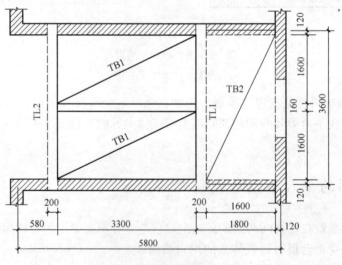

图 3-7　楼梯结构布置

【解】

（1）斜板 TB1 设计

除底层第一梯段的斜板外，其余斜板均相同，而第一梯段斜板的下端为混凝土基础，可按净跨计算。这里只对标准段斜板 TB1 进行设计。

对斜板 TB1 取 1m 宽作为其计算单元。

1）确定斜板厚度 h

斜板的水平投影净长为

$$l_n = 3300\text{mm}$$

斜板的斜向净长为

$$l_n' = \frac{l_n}{\cos\alpha} = \frac{3300}{300/\sqrt{150^2 + 300^2}} = \frac{3300}{0.894} = 3691\text{mm}$$

斜板厚度为

$$h = \left\{\frac{1}{25} \sim \frac{1}{30}\right\} l_n' = \left\{\frac{1}{25} \sim \frac{1}{30}\right\} \times 3691 = 123 \sim 148\text{mm}$$

取 $h = 120\text{mm}$。

2）荷载计算

楼梯斜板荷载计算如表 3-2 所示。

楼梯斜板荷载计算 表 3-2

荷载种类		荷载标准值/(kN/m)	荷载分项系数	荷载设计值/(kN/m)
恒荷载	栏杆自重	0.20	1.20	0.24
	锯齿形斜板自重	$\gamma_2\left(\frac{h_s}{2} + \frac{h}{\cos\alpha}\right) = 25 \times \left(\frac{0.15}{2} + \frac{0.12}{0.894}\right) = 5.23$	1.20	6.28
	30mm 厚水磨石面层	$\gamma_1 c_1 (b_s + h_s)/b_s$ $= 25 \times 0.03 \times (0.15 + 0.3)/0.3 = 1.13$	1.20	1.36
	板底 20mm 厚纸筋灰粉刷	$\gamma_3 \times \frac{c_2}{\cos\alpha} = 16 \times \frac{0.02}{0.894} = 0.36$	1.20	0.43
	小计 g	6.92		8.31
活荷载 q		2.50	1.40	3.50
总计 p		9.42		11.81

3）计算简图

斜板的计算简图可用一根假想的跨度为 l_n 的水平梁替代，如图 3-8 所示。其计算跨度取斜板水平投影净长 $l_n = 3300\text{mm}$。

对于底层第一梯段斜板的计算跨度，视下端与基础的结合情况而定。当下端是搁置在砖砌地垄墙上时，则应从地垄墙中心线起算；当下端与混凝土基础相连时，则可按净跨计算。

4）内力计算

斜板的内力，一般只需计算跨中最大弯矩即可。

考虑到斜板两端均与梁整结，对板有约束作用，所以跨中最大弯矩取

$$M = \frac{pl_n^2}{10} = \frac{11.81 \times 3.3^2}{10} = 12.86\text{kN} \cdot \text{m}$$

5）配筋计算

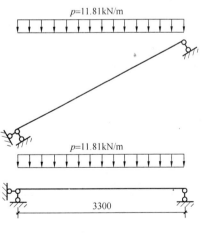

图 3-8 斜板计算简图

93

$$h_0 = h - 20 = 120 - 20 = 100\text{mm}$$

$$\alpha_s = \frac{M}{f_c b h_0^2} = \frac{12.86 \times 10^6}{11 \times 1000 \times 100^2} = 0.117$$

$$\gamma_s = 0.5(1 + \sqrt{1 - 2\alpha_s}) = 0.5 \times (1 + \sqrt{1 - 2 \times 0.117}) = 0.938$$

$$A_s = \frac{M}{f_y \gamma_s h_0} = \frac{12.86 \times 10^6}{210 \times 0.938 \times 100} = 653\text{mm}^2$$

选用：受力钢筋 $\phi 10@120$，$A_s = 654\text{mm}^2$；

分布钢筋 $\phi 6@300$（即每一踏步下放一根）

式中 h_0——截面有效高度；

α_s——斜截面非预应力弯起钢筋与构件纵轴线夹角；

γ_s——混凝土截面抵抗矩塑性影响系数；

A_s——钢筋截面面积；

b——矩形截面宽度；

f_c——混凝土轴心抗压强度设计值；

f_y——普通钢筋抗拉强度设计值。

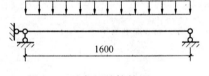

（2）平台板设计

1）平台板计算简图

平台板取 1m 宽作为计算单元。

平台板近似地按短跨方向的简支板计算，计算简图如图 3-9 所示。

图 3-9   平台板计算简图

计算跨度：由于平台板两端均与梁整结，所以计算跨度取净跨 $l_{2n} = 1600\text{mm}$。

平台板厚度取 $h_2 = 70\text{mm}$。

2）荷载计算

平台板荷载计算如表 3-3 所示。

平台板荷载计算   表 3-3

荷 载 种 类		荷载标准值/ (kN/m)	荷载分项 系数	荷载设计值/ (kN/m)
恒荷载	平台板自重	$25 \times 0.07 \times 1 = 1.75$	1.20	2.10
	30mm 厚水磨石面层	$25 \times 0.03 \times 1 = 0.75$	1.20	0.90
	板底 20mm 厚纸筋灰粉刷	$16 \times 0.02 \times 1 = 0.32$	1.20	0.38
	恒荷载合计 K	2.82		3.38
活荷载 q		2.50	1.40	3.50
总计 p		5.32		6.88

3）内力计算

考虑平台板两端梁的嵌固作用，跨中最大设计弯矩取

$$M = \frac{p l_{2n}^2}{10} = \frac{6.88 \times 1.6^2}{10} = 1.761\text{kN} \cdot \text{m}$$

4) 配筋计算

$$h_0 = 70 - 20 = 50\text{mm}$$

$$\alpha_s = \frac{M}{f_c b h_0^2} = \frac{1.761 \times 10^6}{11 \times 1000 \times 50^2} = 0.064$$

$$\gamma_s = 0.5(1 + \sqrt{1 - 2\alpha_s}) = 0.5 \times (1 + \sqrt{1 - 2 \times 0.064}) = 0.966$$

$$A_s = \frac{M}{f_y \gamma_s h_0} = \frac{1.761 \times 10^6}{210 \times 0.966 \times 50} = 174\text{mm}^2$$

选用：受力钢筋 $\phi6@160$，$A_s = 177\text{mm}^2$；

分布钢筋 $\phi6@300$

(3) 平台梁 TL1 设计

1) 平台梁计算简图

平台梁的两端搁置在楼梯间的侧墙上，所以计算跨度取

$$l = l_{3n} + a = 3600 - 240 + 240 = 3600\text{mm}$$

平台梁的计算简图如图 3-10 所示。

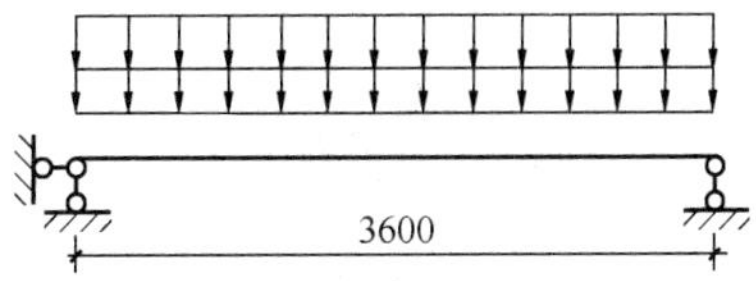

平台梁的截面尺寸取 $h' = 350\text{mm}$，$b = 200\text{mm}$。

2) 荷载计算

平台梁的荷载计算如表 3-4 所示。

图 3-10 平台梁计算简图

平台梁 TL1 荷载计算   表 3-4

荷载种类		荷载标准值/（kN/m）	荷载分项系数	荷载设计值/（kN/m）
恒荷载	由斜板传来的恒荷载	$6.92 \times \frac{l_n}{2} = 6.92 \times \frac{3.3}{2} = 11.42$	1.20	13.70
	由平台板传来的恒荷载	$2.82 \times \frac{l_{2n}}{2} = 2.82 \times \frac{1.6}{2} = 2.26$	1.20	2.71
	平台梁自重	$25 \times 1 \times 0.35 \times 0.20 = 1.75$	1.20	2.10
	平台梁上的水磨石面层	$25 \times 1 \times 0.03 \times 0.20 = 0.15$	1.20	0.18
	平台梁底部和侧面的粉刷	$16 \times 1 \times 0.02 \times [0.20 + 2 \times (0.35 - 0.07)] = 0.24$	1.20	0.29
	小计 g	15.82		18.98
活荷载 q		$2.5 \times 1 \times \left(\frac{3.3}{2} + \frac{1.6}{2} + 0.20\right) = 6.63$	1.40	9.28
合计 p		22.45		28.26

3）内力计算

平台梁跨中正截面最大弯矩

$$M = \frac{pl^2}{8} = \frac{28.26 \times 3.6^2}{8} = 45.78 \mathrm{kN \cdot m}$$

平台梁支座处最大剪力

$$V = \frac{pl_{3n}}{2} = \frac{28.26 \times 3.36}{2} = 47.48 \mathrm{kN}$$

4）截面设计

① 正截面受弯承载力计算

$$h_0 = h' - 35 = 350 - 35 = 315 \mathrm{mm}$$

$$\alpha_s = \frac{M}{f_c b h_0^2} = \frac{45.78 \times 10^6}{11 \times 200 \times 315^2} = 0.210$$

$$\gamma_s = 0.5(1 + \sqrt{1 - 2\alpha_s}) = 0.5 \times (1 + \sqrt{1 - 2 \times 0.210}) = 0.881$$

$$A_s = \frac{M}{f_y \gamma_s h_0} = \frac{45.78 \times 10^6}{210 \times 0.881 \times 315} = 786 \mathrm{mm^2}$$

考虑到平台梁两边受力不均，有扭矩存在，纵向受力钢筋酌情增大。

② 斜截面受剪承载力计算

$$\frac{V}{f_c b h_0} = \frac{47.48 \times 10^3}{10 \times 200 \times 315} = 0.075 > 0.07$$

需配置腹筋，选用 $\phi 6@200$ 双肢箍筋，则

$$V_{cs} = 0.07 f_c b h_0 + 1.5 f_y \frac{A_{sv}}{S} h_0$$

$$= 0.07 \times 11 \times 200 \times 315 + 1.5 \times 210 \times \frac{2 \times 28.3}{200} \times 315$$

$$= 48510 + 28081 = 76591 \mathrm{N} \approx 76.59 \mathrm{kN}$$

$V_{cs} > V$，符合要求。

式中　V_{cs}——构件斜截面上混凝土和箍筋的受剪承载力设计值；

　　　A_{sv}——配置在同一截面内箍筋各肢的全部截面面积，即 nA_{sv1}，n 为在同一个截面内箍筋的肢数，A_{sv1} 为单肢箍筋的截面面积；

　　　S——沿构件长度方向的箍筋间距。

（4）绘制施工图

图 3-11 为板式楼梯施工图。

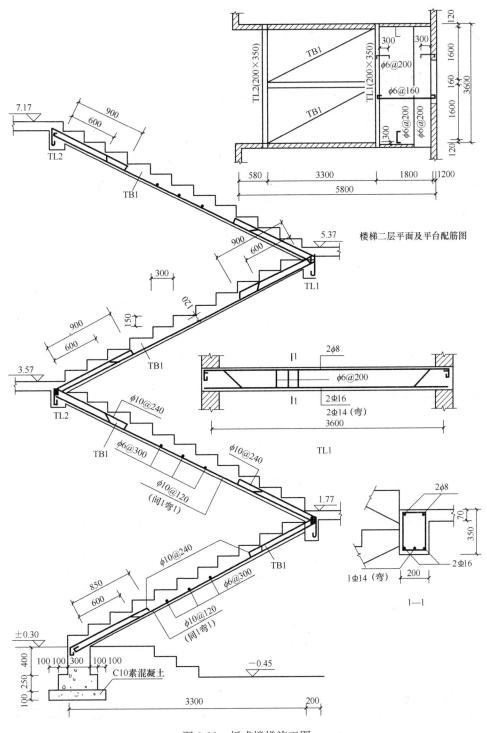

图 3-11　板式楼梯施工图

说明　1. 混凝土强度等级为 C20。

2. 钢筋 ϕ — Ⅰ 级钢，Φ — Ⅱ 级钢。

3. 锯齿形斜板厚 120mm。

4. 休息平台板厚 70mm。

9 折线型板式楼梯计算有哪些特点?

折线型板式楼梯的计算方法与一般斜板式楼梯相同,计算简图如图 3-12 所示。

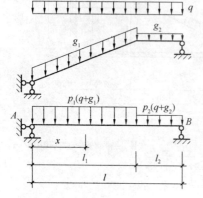

图 3-12 折线型楼梯的计算简图

p_1、p_2—均布线荷载;g_1、g_2—均布恒荷载;q—均布活荷载;l—梯段板水平投影计算跨度

折线型板式楼梯是由斜向锯齿形梯段和水平段两部分组成的,其中锯齿形梯段部分有踏步,而且是斜向放置的,所以它的竖向恒荷载要比水平段部分大。

折线型板式楼梯的最大弯矩不是在跨度中间,而是偏向锯齿形梯段一边,设最大弯矩的截面离 A 端的距离为 x,则 A 端的支座反力 R_A 为

$$R_A l - p_1 l_1 \left(\frac{l_1}{2} + l_2 \right) - \frac{1}{2} p_2 l_2^2 = 0$$

$$R_A = \frac{p_1 l_1 \left(\dfrac{l_1}{2} + l_2 \right) + \dfrac{1}{2} p_2 l_2^2}{l} \qquad (3-5)$$

式中 R_A——A 端支座的反力;

p_1、p_2——分别为斜板部分和平板部分的竖向均布线荷载的设计值。

剪力为零的截面为最大弯矩的截面,离 A 端的距离为 x 的截面剪力为

$$V_x = R_A - p_1 x$$

令 $V_x = 0$,则 $x = \dfrac{R_A}{p_1}$

所以,$M_{max} = R_A x - \dfrac{1}{2} p_1 x^2 = \dfrac{R_A^2}{p_1} - \dfrac{1}{2} \dfrac{R_A^2}{p_1} = \dfrac{R_A^2}{2 p_1}$

当折线型板式楼梯的两端均有梁时,考虑到梁对板的约束,计算弯矩可减少 20%,于是得

$$M_{max} = 0.8 \frac{R_A^2}{2 p_1} = 0.4 \frac{R_A^2}{p_1} \qquad (3-6)$$

10 折线型板式楼梯的构造要求有哪些?

折线型板式楼梯水平段部分的截面高度应与斜板厚度相同,即均为 h。

为了避免折线型板式楼梯的内折角处的混凝土被拉脱,如图 3-13 (a) 所示,内折角处的板底受拉钢筋不能连续设置,必须分开,斜板底部受拉钢筋应延伸到水平段上部受压区再转向水平,而水平段的板底则应加设与

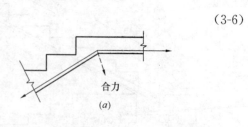

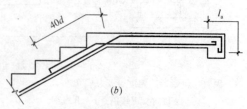

图 3-13 内折角处板底受拉钢筋的构造

(a) 混凝土被拉脱;(b) 板底受拉钢筋设置

斜板下部相同数量的钢筋，该钢筋必须延伸到斜板的上部受压区再弯折，如图 3-13（b）所示。

由于折角处可能产生负弯矩，故水平段下部伸来的钢筋应在斜板上部有不小于 $40d$ 的锚固长度，而斜板下部伸来的钢筋则在水平段上部作为承受负弯矩的钢筋用，而且必须伸至梁内，并有锚固长度 l_a。

折线型板式楼梯可以做成上折式，亦可做成下折式。

11 举例说明折线型板式楼梯的设计计算

【例 3-2】 例题 3-1 中，当 TL2 梁设置在内纵墙时，即为折线型板式楼梯，其他条件同例题 3-1。试对此现浇折线型板式楼梯进行结构设计。

【解】

（1）结构布置

折线型板式楼梯结构布置如图 3-14 所示。

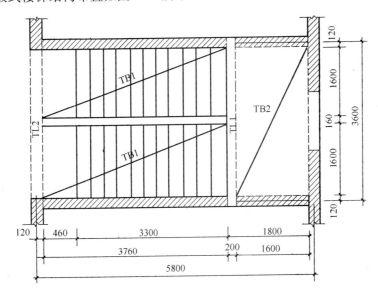

图 3-14 折线型板式楼梯结构布置

折线型斜板一端与平台梁相整结，另一端与楼层内纵墙上的 TL2 梁相整结。

斜板的厚度取 $h=150mm$，水平段的板厚取与斜板相同的厚度 150mm。

（2）折线型楼梯梯段设计

1）荷载计算

折线型板式楼梯荷载计算如表 3-5 所示。

2）计算简图

折线型板式楼梯的计算简图仍可用一根假想的水平板来替代。

计算跨度取水平投影的净长 $l_n=3300+460=3760mm$。

计算简图如图 3-15 所示。

荷载种类		荷载标准值/(kN/m)	荷载分项系数	荷载设计值/(kN/m)
恒荷载	锯齿形斜坡	锯齿形斜板自重 $\gamma_2 \cdot 1 \cdot \left(\dfrac{h_s}{2}+\dfrac{h}{\cos\alpha}\right)$ $=25\times1\times1\left(\dfrac{0.15}{2}+\dfrac{0.15}{0.894}\right)=6.07$	1.20	7.28
		30mm厚水磨石面层 $\gamma_1 \cdot 1 \cdot c_1(b_s+h_s)/b_s=25\times1\times0.03\times(0.15+0.3)/0.3=1.133$	1.20	1.36
		板底20mm厚纸筋灰粉刷 $\gamma_3 \cdot 1 \cdot \dfrac{c_2}{\cos\alpha}=16\times\dfrac{0.02}{0.894}=0.36$	1.20	0.43
		小计 g_1 　　7.56		9.07
	水平段	水平段板自重 $\gamma_2 \cdot 1 \cdot h=25\times1\times0.15=3.75$	1.20	4.50
		30mm厚水磨石面层 $\gamma_1 \cdot 1 \cdot c_1=25\times1\times0.03=0.75$	1.20	0.90
		板底20mm厚纸筋灰粉刷 $\gamma_3 \cdot 1 \cdot c_2=16\times1\times0.02=0.32$	1.20	0.38
		小计 g_2 　　4.82		5.78
活荷载 q		2.50	1.40	3.50
总计	斜板部分 p_1	10.06		12.57
	水平段部分 p_2	7.32		9.28

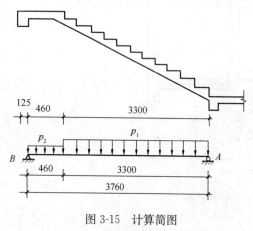

图 3-15 计算简图

3）内力计算

① 求支座反力 R_A

由式（3-5）得

$$R_A=\frac{p_t l_1\left(\dfrac{l_1}{2}+l_2\right)+\dfrac{p_2 l_2^2}{2}}{l}$$

$$=\frac{12.57\times3.3\times\left(\dfrac{3.3}{2}+0.46\right)+\dfrac{9.28\times0.46^2}{2}}{3.76}$$

$$=23.54\text{kN}$$

② 折线型板最大计算弯矩

由式（3-6）得

$$M=0.4\frac{R_A^2}{p_1}=0.4\times\frac{23.54^2}{12.57}=17.63\text{kN}\cdot\text{m}$$

③ 配筋计算

$$h_0=h-20=150-20=130\text{mm}$$

$$\alpha_s=\frac{M}{f_c b h_0^2}=\frac{17.63\times10^6}{11\times1000\times130^2}=0.095$$

$$\gamma_s=0.5(1+\sqrt{1-2\alpha_s})=0.5\times(1+\sqrt{1-2\times0.095})=0.95$$

$$A_s = \frac{M}{f_y \gamma_s h_0} = \frac{17.63 \times 10^6}{210 \times 0.95 \times 130} = 680 \text{mm}^2$$

选用：$\phi 12@160$，$A_s = 707 \text{mm}^2$

4）绘制施工图

图 3-16 折线型板式楼梯施工图。

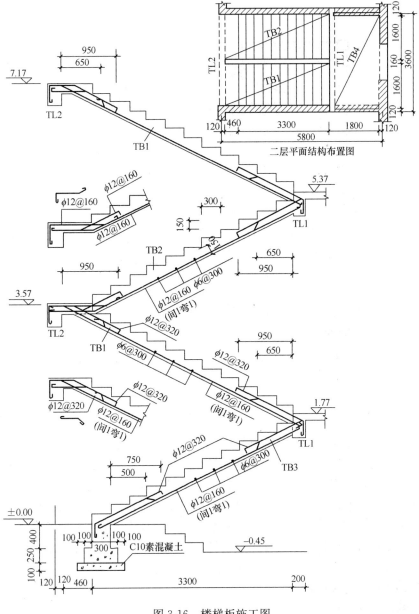

图 3-16 楼梯板施工图

  说明 1. 混凝土强度等级为 C20。

     2. 钢筋 ϕ—Ⅰ级钢，$\oplus$—Ⅱ级钢。

     3. 锯齿形斜板及水平段厚度均为 150mm。

（3）平台梁及平台板设计

平台梁及平台板的设计方法同板式楼梯。

12 现浇梁式楼梯的结构有哪些部分组成?

现浇梁式楼梯主要由踏步板、斜边梁、平台梁和平台板等四种构件组成,如图 3-17 所示。

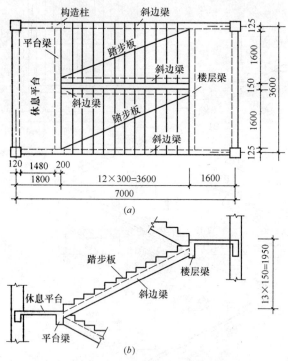

图 3-17 现浇梁式楼梯结构组成
(a) 平面图;(b) 剖面图

斜梁的布置有三种:第一种是在梯段的一侧布置有斜梁,另一侧为砖墙,所以梯形截面踏步板一端支承在斜梁上,另一端则支承在砖墙上。这种布置方法要求楼梯间的侧墙砌筑配合楼梯施工,造成施工不便。第二种是在梯段的两侧都布置有斜梁,这样,踏步板的两端都支承在斜梁上,楼梯间侧墙砌筑就比较方便。第三种是单独的一根斜梁布置在梯段宽度的中央,称为中梁式,适用于楼梯不是很宽,荷载亦不太大的情况。

梁式楼梯中,斜梁是梯段的主要受力构件,因此梁式楼梯的跨度可以比板式楼梯的大些,通常当梯段的水平跨度大于 3.5m 时,宜采用梁式楼梯。

梁式楼梯的荷载传递途径如下:

梯段上的荷载→踏步板→斜梁→平台梁→侧墙或柱

平台板上的荷载→平台板→ 平台梁 / 门、窗过梁

现浇梁式楼梯设计主要包括踏步板设计、斜梁设计、平台梁设计及平台板设计四部分。

13 现浇梁式楼梯踏步板设计包括哪些计算内容？

1. 内力计算

现浇梁式楼梯的踏步板斜向支承在斜梁及墙上，是一块斜向支承的单向板。计算时取一个踏步作为计算单元。踏步板的截面应是图 3-18 中所示五边形 $ABCDE$ 的面积，其中有斜线的三角形是踏步板的受压区。

当踏步板一端与斜梁整结，另一端搁置在砖墙上时，可按简支板计算，跨中最大设计弯矩为

$$M = \frac{1}{8} p_s' l_s^2 \qquad (3\text{-}7)$$

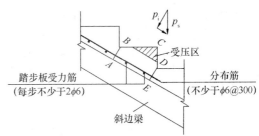

图 3-18 梁式楼梯踏步板计算

式中　l_s——踏步板的计算跨度，$l_s = l_{n,s} + \dfrac{a}{2}$，$l_{n,s}$ 为踏步板的净跨度，a 为踏步板在砖墙上的支承长度，一般取 120mm。

当踏步板两端都与斜梁整结时，考虑到斜梁的弹性约束，踏步板跨中最大设计弯矩可取为

$$M = \frac{1}{10} p_s' l_{n,s}^2 \qquad (3\text{-}8)$$

以上两式中

$$p_s' = p_s \cos\alpha \qquad (3\text{-}9)$$

式中　α——梯段的倾角；

　　　p_s——踏步板上的均布线荷载，其计算式为

$$p_s = \gamma_Q q_k b_s + \gamma_G g_k \qquad (3\text{-}10)$$

式中　q_k——楼梯活荷载的标准值；

　　　γ_Q——楼梯活荷载的荷载分项系数，一般情况下 $\gamma_Q = 1.40$，当 $q_k > 4\text{kN/m}^2$ 时，取 $\gamma_Q = 1.30$；

　　　b_s——一个踏步的宽度；

　　　g_k——一个踏步范围内（图 3-18 中五边形 $ABCDE$）包括面层和底部粉刷在内 1m 长的踏步自重；

　　　γ_G——踏步自重的荷载分项系数，$\gamma_G = 1.20$。

2. 截面设计

踏步板是在垂直于斜梁的方向弯曲的，所以其受压区为三角形。为计算方便，通常近似地按截面宽为斜宽 b，截面有效高度 $h_0 = h_1/2$ 的矩形截面计算，这是偏于安全的。式中 h_1 为三角形顶至底面的垂直距离，即 $h_1 = h_s \cos\alpha + h$，如图 3-19（a）所示。

有时为了方便，踏步板的内力计算和截面设计亦可近似地按下法进行：竖向切出一个踏步，按竖向简支板计算，其跨中最大弯矩设计值仍按式（3-7）或式（3-8）计算，但必须把式中的 p_s' 改为 p_s，截面设计时，可近似地按矩形截面进行，其截面高度可近似地取

梯形截面的平均高度，即 $h'=\dfrac{h_s}{2}+\dfrac{h}{\cos\alpha}$，截面宽度为 b_s，如图 3-19（b）所示。

踏步板的配筋，除按计算确定外，还应满足构造要求，即每一踏步下不少于 2 根 $\phi6$ 的受力钢筋。同时，整个梯段板还应沿斜面布置间距不大于 300mm 的 $\phi6$ 分布钢筋。踏步板内的受力钢筋，在伸入支座后，每两根中应弯上一根，作为抵抗负弯矩的钢筋，并伸入负弯矩区 $l_{n,s}/4$，$l_{n,s}$ 为踏步板的净跨。梁式楼梯踏步板的配筋如图 3-20 所示。

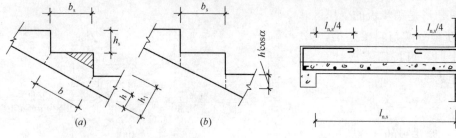

图 3-19　梁式楼梯踏步板截面设计
（a）计算方法一；（b）计算方法二

图 3-20　梁式楼梯踏步板配筋

14　现浇梁式楼梯斜梁设计包括哪些计算内容？

现浇梁式楼梯的斜梁承受由踏步板传来的荷载、栏杆质量及斜梁自重。内力计算与板式楼梯的斜板相似，计算简图如图 3-21 所示。

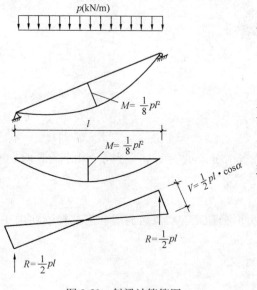

图 3-21　斜梁计算简图

承受均布荷载的斜梁的跨中最大弯矩，可按简支水平梁计算，即跨中弯矩为

$$M=\frac{1}{8}pl^2$$

斜梁所受的剪力为按水平梁计算所得的剪力乘以 $\cos\alpha$，即

$$V=\frac{1}{2}pl\cos\alpha$$

式中　p——按水平投影长度度量的竖向均布线荷载（kN/m）；

l——计算跨度，按平台梁与楼层梁之间的水平净距采用，当底层下端支承在地垄墙上时，应算至地垄墙中心。

这里必须注意：斜梁的剪力是与斜梁轴线相垂直的，并不是斜梁的竖向支座反力 R，斜梁的竖向支座反力 $R=\dfrac{1}{2}pl$，就是传给平台梁的集中力 F。

截面设计时，斜梁的截面形状，视其与踏步板的相对位置而定，一般有两种情况：

（1）踏步板在斜梁的上部，如图 3-22（a）所示。此时，当仅有一根斜边梁时，斜梁

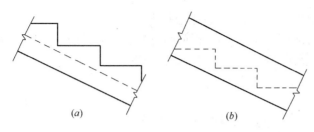

图 3-22　斜梁截面的两种情况

(a) 踏步板在斜梁的上部；(b) 踏步板在斜梁的下部

按矩形截面计算，截面计算高度取锯齿形斜梁的最小高度；当有两根斜边梁或为中梁式时，可按倒 L 形截面计算，翼缘高度 h_f' 取踏步板斜板的厚度 h，翼缘计算宽度 b_f' 按 T 形截面受弯构件的规定取用。

(2) 踏步板处在斜梁的下部，即斜梁向上翻，如图 3-22 (b) 所示，此时斜梁按矩形截面计算。

当采用折线型梁式楼梯时，其计算方法及构造要求与折线型板式楼梯相同。图 3-23 为折线型梁式楼梯配筋构造图。

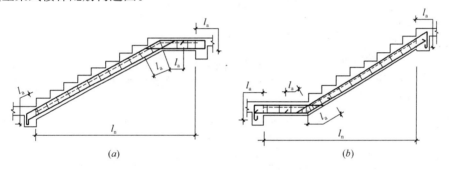

图 3-23　折线型梁式楼梯配筋构造

(a) 构造一；(b) 构造二

l_a—受拉钢筋锚固长度；l_n—梯板跨度

15　现浇梁式楼梯平台梁及平台板设计包括哪些计算内容？

梁式楼梯的平台梁与板式楼梯的平台梁计算方法相同，所不同的是板式楼梯传给平台梁的荷载是均布荷载，而梁式楼梯传给平台梁的荷载是斜梁传来的集中力 F_1 和 F_2。当上、下梯段长度相等时，$F_1=F_2=F$，计算简图如图 3-24 所示，此时，跨中弯矩为：

$$M = \frac{1}{8}pl_3^2 + F\frac{(l_3-K)}{2}$$

梁端剪力为

$$V = \frac{1}{2}pl_{3n} + F$$

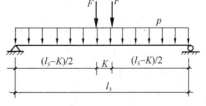

图 3-24　梁式楼梯平台梁计算简图

F—集中力；p—均布线荷载；l_3—计算跨度；

K—上、下梯段间距

式中　p——平台梁的均布线荷载，其中包括平台梁的自重及休息平台传来的荷载。

考虑到平台梁可能产生扭矩，在配筋时，应酌量增加抗扭纵筋和箍筋。此外，在斜梁支承处的两侧应配置附加箍筋，必要时可设置吊筋。

平台板设计与现浇板式楼梯相同。

16　举例说明现浇梁式楼梯的设计计算

【例 3-3】　某实验楼现浇梁式楼梯，楼梯的结构布置如图 3-17 所示。梯段的两侧都布置有斜梁，踏步板两端均与斜边梁整结，踏步板位于斜边梁上部，斜边梁两端与平台梁及楼层梁整结，混凝土强度等级为 C20。试对此现浇梁式楼梯进行结构设计。

【解】

（1）踏步板设计

设踏步板厚度 $h=40\text{mm}$，取一个踏步作为计算单元。

楼梯的倾斜角：

$$\cos\alpha=\frac{300}{\sqrt{150^2+300^2}}=0.894 \quad \alpha=26°37'$$

1）荷载计算

如表 3-6 所示。

踏步板荷载计算

表 3-6

荷载种类		荷载标准值/ (kN/m)	荷载分项系数	荷载设计值/ (kN/m)
恒荷载	踏步自重	$\gamma_1\left(\dfrac{h_s}{2}+\dfrac{h}{\cos\alpha}\right)\cdot 1\cdot b_s$ $=25\times\left(\dfrac{0.15}{2}+\dfrac{0.04}{0.894}\right)\times 1\times 0.3$ $=0.90$	1.20	1.08
	30mm 厚水磨石面层	$\gamma_1 c_1(b_s+h_s)\cdot 1=25\times 0.03$ $\times(0.3+0.15)\times 1=0.34$	1.20	0.41
	板底 20mm 厚纸筋灰粉刷	$\gamma_3\times\dfrac{c_2}{\cos\alpha}\cdot 1\cdot b_s=16\times\dfrac{0.02}{0.894}$ $\times 1\times 0.3=0.11$	1.20	0.13
	小计 g	1.35		1.62
活荷载 q		$25\times 1\times 0.03=0.75$	1.40	1.05
总计 p_g		2.10		2.67

$$p'_s=p_s\cdot\cos\alpha=2.67\times 0.894=2.39\text{kN/m}$$

2）内力计算

由于踏步板两端均与斜边梁相整结，这时踏步板的计算跨度为

$$l_s=l_{n,s}=1600-150=1450\text{mm}$$

跨中最大弯矩设计值为

$$M=\frac{1}{10}p'_s l^2_{n,s}=\frac{1}{10}\times 2.39\times 1.45^2=0.5\text{kN}\cdot\text{m}$$

3）截面设计

$$h_1 = d \cdot \cos\alpha + h = 150 \times 0.894 + 40 = 174\text{mm}$$

截面有效高度取

$$h_0 = \frac{h_1}{2} = \frac{174}{2} = 87\text{mm}$$

截面宽度取

$$b = \frac{b_s}{\cos\alpha} = \frac{300}{0.894} = 336\text{mm}$$

$$\alpha_s = \frac{M}{f_c b h_0^2} = \frac{0.5 \times 10^6}{11 \times 336 \times 87^2} = 0.0179$$

$$\gamma_s = 0.5(1 + \sqrt{1 - 2\alpha_s}) = 0.5 \times (1 + \sqrt{1 - 2 \times 0.0179}) = 0.991$$

$$A_s = \frac{M}{f_y \gamma_s h_0} = \frac{0.5 \times 10^6}{210 \times 0.991 \times 87} = 27.62\text{mm}^2$$

按构造选用：$2\phi6$，$A_s = 57\text{mm}^2$，分布筋采用 $\phi6@300$。

（2）斜梁设计

1）截面形状及尺寸

截面形状：踏步位于斜梁上部。

截面尺寸：

斜梁截面高度 $h' = \left(\frac{1}{12} \sim \frac{1}{18}\right)l'_s = \left(\frac{1}{12} \sim \frac{1}{18}\right) \times \frac{3600}{0.894} = 224 \sim 336\text{mm}$

取 $h' = 250\text{mm}$。

斜梁截面宽度取 $b = 150\text{mm}$。

2）荷载计算

斜梁荷载计算如表 3-7 所示。

斜梁荷载计算 　　　　　　　　　　　　　　　　　　　　表 3-7

	荷载种类	荷载标准值/(kN/m)	荷载分项系数	荷载设计值/(kN/m)
恒荷载	栏杆自重	0.20	1.20	0.24
	踏步板传来的荷载	$1.343 \times \left(\frac{1.45}{2} + 0.15\right) \times \frac{1}{0.3} = 3.92$	1.20	4.70
	斜梁自重	$\gamma b(h' - h)/\cos\alpha = 25 \times 0.15 \times (0.25 - 0.04)/0.894 = 0.88$	1.20	1.06
	斜梁外侧 20mm 厚纸筋灰粉刷	$16 \times 0.02 \times \left(\frac{0.15}{2} + \frac{0.25}{0.894}\right) = 0.11$	1.20	0.13
	斜梁底及内侧 20mm 厚纸筋灰粉刷	$16 \times 0.02 \times [0.15 + (0.25 - 0.04)] \times \frac{1}{0.894} = 0.13$	1.20	0.16
	小计 g	5.24		6.29
活荷载 q		$2.5 \times \left(\frac{1.45}{2} + 0.15\right) = 2.19$	1.40	3.07
总计 p		7.43		9.36

3）内力计算

斜梁跨中最大弯矩设计值为

$$M=\frac{1}{8}pl^2=\frac{1}{8}\times9.36\times3.6^2=15.16\text{kN}\cdot\text{m}$$

斜梁端部最大剪力设计值为

$$V=\frac{1}{2}pl\cos\alpha=\frac{1}{2}\times9.36\times3.6\times0.894=15.06\text{kN}$$

斜梁的支座反力为

$$R=\frac{1}{2}pl=\frac{1}{2}\times9.36\times3.6=16.85\text{kN}$$

4）截面设计

由于踏步位于斜梁的上部，而且梯段的两侧均有斜边梁，故斜梁按倒 L 形截面设计。

翼缘计算宽度

$$b_\text{f}'=b+\frac{s_0}{2}=150+\frac{1450}{2}=875\text{mm}$$

翼缘高度取踏步板斜板的厚度：

$$h_\text{f}'=h=40\text{mm}$$

鉴别 T 形截面类型：

$$f_\text{c}b_\text{f}'h_\text{f}'\left(h_0-\frac{h_\text{f}'}{2}\right)=11\times875\times40\times\left(215-\frac{40}{2}\right)=75\times10^6\text{N}\cdot\text{mm}$$

$$=75\text{kN}\cdot\text{m}>M=15.16\text{kN}\cdot\text{m}$$

属于第一种 T 形截面，则

$$\alpha_\text{s}=\frac{M}{f_\text{c}bh_0^2}=\frac{15.16\times10^6}{11\times875\times215^2}=0.034$$

$$\gamma_\text{s}=0.5(1+\sqrt{1-2\alpha_\text{s}})=0.5\times(1+\sqrt{1-2\times0.034})=0.983$$

$$A_\text{s}=\frac{M}{f_\text{y}\gamma_\text{s}h_0}=\frac{15.16\times10^6}{210\times0.983\times215}=342\text{mm}^2$$

（3）平台板设计

同现浇板式楼梯平台板设计【例 3-1】。

（4）平台梁设计

1）截面尺寸

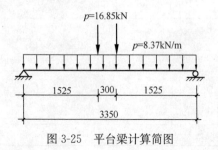

图 3-25　平台梁计算简图

平台梁截面取 $h'=350\text{mm}$，$b=200\text{mm}$。

2）荷载计算

平台梁荷载计算如表 3-8 所示。

3）内力计算

平台梁两端与竖立在框架梁上的短柱相整结，故平台梁的计算跨度 l_3 取净跨 $l_{3\text{n}}=3350\text{mm}$。平台梁计算简图如图 3-25 所示。

荷载种类		荷载标准值/ (kN/m)	荷载分项 系数	荷载设计值/ (kN/m)
恒荷载	由平台板传来的恒荷载	$2.82 \times \dfrac{1.48}{2} = 2.09$	1.20	2.51
	平台梁自重	$25 \times 1 \times 0.35 \times 0.20 = 1.75$	1.20	2.10
	平台梁上的水磨石面层重	$25 \times 1 \times 0.03 \times 0.20 = 0.15$	1.20	0.18
	平台梁底部和侧面粉刷	$16 \times 1 \times 0.02 \times [0.20 + 2 \times$ $(0.35 - 0.07)] = 0.24$	1.20	0.29
	小计 g	4.23		5.08
活荷载 q		$2.5 \times \left(\dfrac{1.48}{2} + 0.20 \right) = 2.35$	1.40	3.29
均布荷载合计 p		6.58		8.37
由斜板传来的集中力 F				16.85kN

平台梁跨中最大弯矩设计值：

$$M = \frac{1}{8}pl_{3n}^2 + F\frac{(l_{3n} - K)}{2} = \frac{1}{8} \times 8.37 \times 3.35^2 + 16.85 \times \frac{3.35 - 0.3}{2} = 37.44 \text{kN} \cdot \text{m}$$

梁端最大剪力设计值：

$$V = \frac{1}{2}pl_{3n} + F = \frac{1}{2} \times 8.37 \times 3.35 + 16.85 = 14.02 + 16.85 = 30.87 \text{kN}$$

4）截面设计

① 正截面受弯承载力计算

$$h_0 = h' - 35 = 350 - 35 = 315 \text{mm}$$

$$\alpha_s = \frac{M}{f_c b h_0^2} = \frac{37.44 \times 10^6}{11 \times 200 \times 315^2} = 0.172$$

$$\gamma_s = 0.5(1 + \sqrt{1 - 2\alpha_s}) = 0.5 \times (1 + \sqrt{1 - 2 \times 0.171}) = 0.905$$

$$A_s = \frac{M}{f_y \gamma_s h_0} = \frac{37.44 \times 10^6}{210 \times 0.905 \times 315} = 625 \text{mm}^2$$

② 斜截面受剪承载力计算

$$\frac{V}{f_c b h_0} = \frac{30870}{11 \times 200 \times 315} = 0.0445 < 0.07$$

按构造配置箍筋，选用 $\phi6@200$。

（5）绘制施工图

图 3-26 为梁式楼梯斜梁施工图。

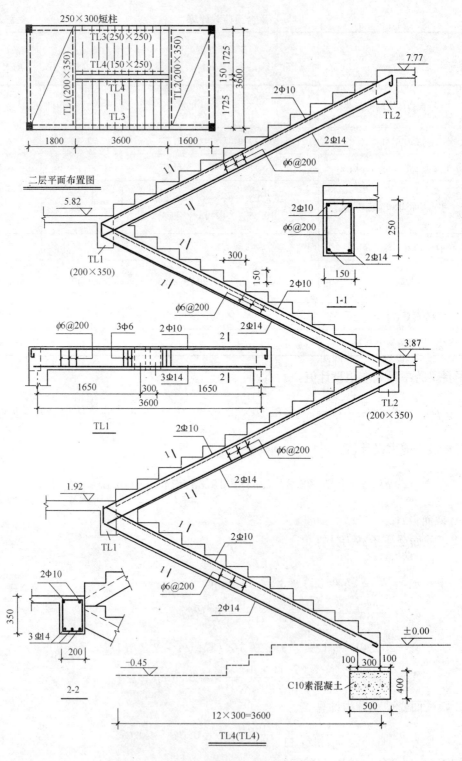

图 3-26 梁式楼梯斜梁施工图

说明 1. 混凝土强度等级 C20。

2. 钢筋 φ—Ⅰ级钢，Φ—Ⅱ级钢。

110

第4章 现浇混凝土板式楼梯平法识图、构造及计算

1 现浇混凝土板式楼梯平法施工图的表示方法有哪些?

(1) 现浇混凝土板式楼梯平法施工图包括平面注写、剖面注写和列表注写三种表达方式,设计者可根据工程具体情况任选一种。

11G101-2图集制图规则主要表述梯板的表达方式,与楼梯相关的平台板、梯梁、梯柱的注写方式参见11G101-1图集。

(2) 楼梯平面布置图,应按照楼梯标准层,采用适当比例集中绘制,需要时绘制其剖面图。

(3) 为方便施工,在集中绘制的板式楼梯平法施工图中,应当用表格或其他方式注明各结构层的楼面标高、结构层高及相应的结构层号。

2 楼梯有哪些类型?

(1) 11G101-2图集楼梯包含11种类型,如表4-1所示。各梯板截面形状与支座位置如图4-1~图4-5所示。

(2) 楼梯注写:楼梯编号由梯板代号和序号组成;例如AT××、BT××、ATa××等。

楼梯类型 表 4-1

梯板代号	适用范围		是否参与结构整体抗震计算	示意图
	抗震构造措施	适用结构		
AT	无	框架、剪力墙、砌体结构	不参与	图 4-1
BT				
CT	无	框架、剪力墙、砌体结构	不参与	图 4-2
DT				
ET	无	框架、剪力墙、砌体结构	不参与	图 4-3
FT				
GT	无	框架结构	不参与	图 4-4
HT		框架、剪力墙、砌体结构		
ATa	有	框架结构	不参与	图 4-5
ATb			不参与	
ATc			参与	

注:1. ATa低端设滑动支座支承在梯梁上,ATb低端设滑动支座支承在梯梁的挑板上。

　　2. ATa、ATb、ATc均用于抗震设计,设计者应指定楼梯的抗震等级。

3 平面注写方式有哪些?

(1) 平面注写方式是在楼梯平面布置图上注写截面尺寸和配筋具体数值的方式来表达楼梯施工图。包括集中标注和外围标注。

(2) 楼梯集中标注的内容包括五项,具体规定如下:

1) 梯板类型代号与序号,例如 AT××。

2) 梯板厚度,注写为 $h=×××$。当为带平板的梯板且梯段板厚度和平板厚度不同时,可在梯段板厚度后面括号内以字母 P 打头注写平板厚度。

【例 4-1】 $h=130$ (P150),130 表示梯段板厚度,150 表示梯板平板段的厚度。

3) 踏步段总高度和踏步级数,之间以 "/" 分隔。

4) 梯板支座上部纵筋、下部纵筋,之间以 ";" 分隔。

5) 梯板分布筋,以 F 打头注写分布钢筋具体值,该项也可在图中统一说明。

【例 4-2】 平面图中梯板类型及配筋的完整标注示例如下(AT 型):

AT1,$h=120$ 梯板类型及编号,梯板板厚

1800/12 踏步段总高度/踏步级数

Φ10@200;Φ12@150 上部纵筋;下部纵筋

FΦ8@250 梯板分布筋(可统一说明)

(3) 楼梯外围标注的内容,包括楼梯间的平面尺寸、楼层结构标高、层间结构标高、楼梯的上下方向、梯板的平面几何尺寸、平台板配筋、梯梁及梯柱配筋等。

(4) AT~HT、ATa、ATb、ATc 型楼梯平面注写方式与适用条件分别见 11G101-2 图集第 19、21、23、25、27、29、32、35、39、41、43 页。

4 剖面注写方式有哪些?

(1) 剖面注写方式需在楼梯平法施工图中绘制楼梯平面布置图和楼梯剖面图,注写方式分平面注写和剖面注写两部分。

(2) 楼梯平面布置图注写内容,包括楼梯间的平面尺寸、楼层结构标高、层间结构标高、楼梯的上下方向、梯板的平面几何尺寸、梯板类型及编号、平台板配筋、梯梁及梯柱配筋等。

(3) 楼梯剖面图注写内容,包括梯板集中标注、梯梁梯柱编号、梯板水平及竖向尺寸、楼层结构标高、层间结构标高等。

(4) 梯板集中标注的内容包括四项,具体规定如下:

1) 梯板类型及编号,例如 AT××。

2) 梯板厚度,注写为 $h=×××$。当梯板由踏步段和平板构成,并且踏步段梯板厚度和平板厚度不同时,可在梯板厚度后面括号内以字母 P 打头注写平板厚度。

3) 梯板配筋。注明梯板上部纵筋和梯板下部纵筋,用分号 ";" 将上部与下部纵筋的配筋值分隔开来。

4) 梯板分布筋,以 F 打头注写分布钢筋具体值,该项也可在图中统一说明。

【例 4-3】 剖面图中梯板配筋完整的标注如下：

AT1，$h=120$ 梯板类型及编号，梯板板厚

Φ 10@200；Φ 12@150 上部纵筋；下部纵筋

FΦ 8@250 梯板分布筋（可统一说明）

5 列表注写方式有哪些?

（1）列表注写方式是用列表方式注写梯板截面尺寸和配筋具体数值的方式来表达楼梯施工图。

（2）列表注写方式的具体要求同剖面注写方式，仅将剖面注写方式中的梯板配筋注写项改为列表注写项即可。

梯板列表格式如表 4-2 所示。

梯板几何尺寸和配筋   表 4-2

梯板编号	踏步段总高度/踏步级数	板厚 h	上部纵向钢筋	下部纵向钢筋	分布筋

6 如何识别 AT、BT 型楼梯截面形状与支座位置?

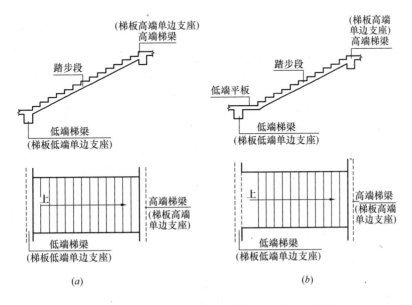

图 4-1 AT、BT 型楼梯截面形状与支座位置示意

（a）AT 型；（b）BT 型

7 如何识别 CT、DT 型楼梯截面形状与支座位置？

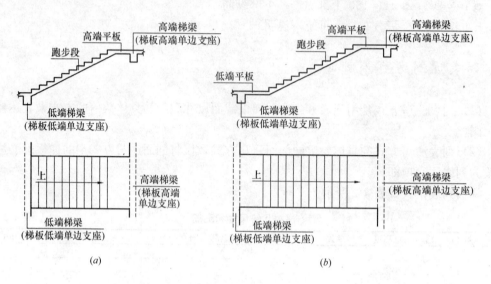

图 4-2　CT、DT 型楼梯截面形状与支座位置示意

（*a*）CT 型；（*b*）DT 型

8 如何识别 ET、FT 型楼梯截面形状与支座位置？

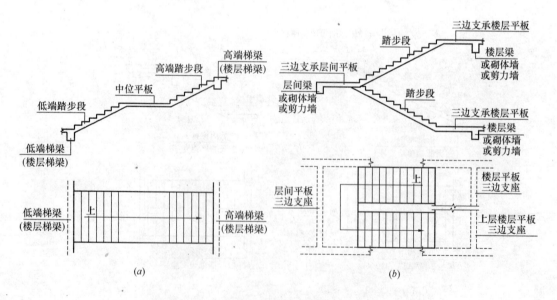

图 4-3　ET、FT 型楼梯截面形状与支座位置示意

（*a*）ET 型；（*b*）FT 型（有层间和楼梯平台板的双跑楼梯）

9 如何识别 GT、HT 型楼梯截面形状与支座位置?

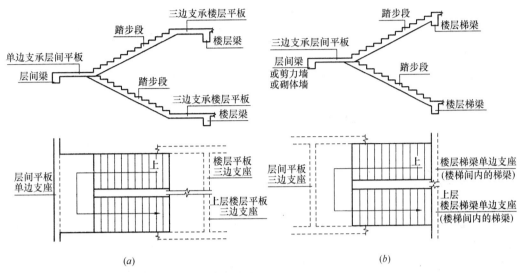

图 4-4 GT、HT 型楼梯截面形状与支座位置示意

(a) GT 型 (有层间和楼层平台板的双跑楼梯);

(b) HT 型 (有层间平台板的双跑楼梯)

10 如何识别 ATa、ATb、ATc 型楼梯截面形状与支座位置?

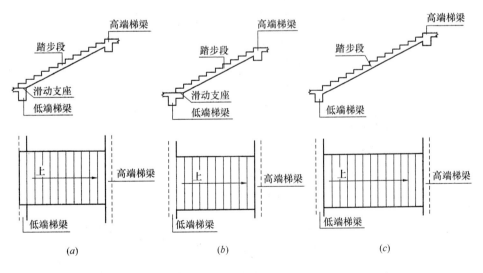

图 4-5 ATa、ATb、ATc 型楼梯截面形状与支座位置示意

(a) ATa 型;(b) ATb 型;(c) ATc 型

11 不同类型板式楼梯分别具备哪些特征？

（1）AT～ET型板式楼梯具备以下特征：

1）AT～ET型板式楼梯代号代表一段带上下支座的梯板。梯板的主体为踏步段，除踏步段之外，梯板可包括低端平板、高端平板以及中位平板。

2）AT～ET各型梯板的截面形状为：

AT型梯板全部由踏步段构成；

BT型梯板由低端平板和踏步段构成；

CT型梯板由踏步段和高端平板构成；

DT型梯板由低端平板、踏步板和高端平板构成；

ET型梯板由低端踏步段、中位平板和高端踏步段构成。

3）AT～ET型梯板的两端分别以（低端和高端）梯梁为支座，采用该组板式楼梯的楼梯间内部既要设置楼层梯梁，也要设置层间梯梁（其中ET型梯板两端均为楼层梯梁），以及与其相连的楼层平台板和层间平台板。

4）AT～ET型梯板的型号、板厚、上下部纵向钢筋及分布钢筋等内容由设计者在平法施工图中注明。梯板上部纵向钢筋向跨内伸出的水平投影长度见相应的标准构造详图，设计不注，但是设计者应予以校核；当标准构造详图规定的水平投影长度不满足具体工程要求时，应由设计者另行注明。

（2）FT～HT型板式楼梯具备以下特征：

1）FT～HT每个代号代表两跑踏步段和连接它们的楼层平板及层间平板。

2）FT～HT型梯板的构成分两类：

第一类：FT型和GT型，由层间平板、踏步段和楼层平板构成。

第二类：HT型，由层间平板和踏步段构成。

3）FT～HT型梯板的支承方式如下：

① FT型：梯板一端的层间平板采用三边支承，另一端的楼层平板也采用三边支承。

② GT型：梯板一端的层间平板采用单边支承，另一端的楼层平板采用三边支承。

③ HT型：梯板一端的层间平板采用三边支承，另一端的梯板段采用单边支承（在梯梁上）。

以上各型梯板的支承方式如表4-3所示。

FT～HT型梯板支承方式　　　　　　　　　　　　表4-3

梯板类型	层间平板端	踏步段端（楼层处）	楼层平板端
FT	三边支承	—	三边支承
GT	单边支承	—	三边支承
HT	三边支承	单边支承（梯梁上）	—

注：由于FT～HT梯板本身带有层间平板或楼层平板，对平板段采用三边支承方式可以有效减少梯板的计算跨度，能够减少板厚从而减轻梯板自重和减少配筋。

4）FT～HT型梯板的型号、板厚、上下部纵向钢筋及分布钢筋等内容由设计者在平法施工图中注明。FT～HT型平台上部横向钢筋及其外伸长度，在平面图中原位标注。梯板上部纵向钢筋向跨内伸出的水平投影长度见相应的标准构造详图，设计不注，但设计者应予以校核；当标准构造详图规定的水平投影长度不满足具体工程要求时，应由设计者另行注明。

（3）ATa、ATb型板式楼梯具备以下特征：

1）ATa、ATb型为带滑动支座的板式楼梯，梯板全部由踏步段构成，其支承方式为梯板高端均支承在梯梁上，ATa型梯板低端带滑动支座支承在梯梁上，ATb型梯板低端带滑动支座支承在梯梁的挑板上。

2）滑动支座做法如图4-6所示，采用何种做法应由设计指定。滑动支座垫板可选用聚四氟乙烯板（四氟板），也可选用其他能起到有效滑动的材料，其连接方式由设计者另行处理。

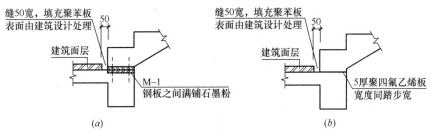

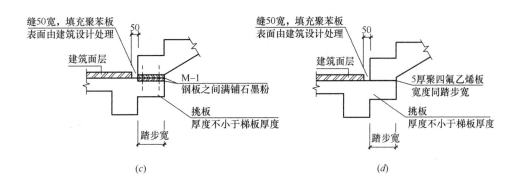

图4-6　滑动支座构造

（a）、（c）预埋钢板；

（b）、（d）设聚四氟乙烯垫板（梯段浇筑时应在垫板上铺塑料薄膜）

3）ATa、ATb型梯板采用双层双向配筋。梯梁支承在梯柱上时，其构造做法按11G101-1图集中框架梁KL；支承在梁上时，其构造做法按11G101-1图集中非框架梁L。

（4）ATc型板式楼梯具备以下特征：

1）ATc型梯板全部由踏步段构成，其支承方式为梯板两端均支承在梯梁上。

2）ATc型楼梯休息平台与主体结构可整体连接，也可脱开连接。

3）ATc型楼梯梯板厚度应按计算确定，并且不宜小于140mm；梯板采用双层配筋。

4）ATc型梯板两侧设置边缘构件（暗梁），边缘构件的宽度取1.5倍板厚；边缘构件纵筋数量，当抗震等级为一、二级时不少于6根，当抗震等级为三、四级时不少于4根；纵筋直径为12mm且不小于梯板纵向受力钢筋的直径；箍筋为$\phi6@200$。

梯梁按双向受弯构件计算，当支承在梯柱上时，其构造做法按 11G101-1 图集中框架梁 KL；当支承在梁上时，其构造做法按 11G101-1 图集中非框架梁 L。

平台板按双层双向配筋。

12 AT 型楼梯平面注写方式与适用条件是什么？

（1）AT 型楼梯的适用条件：两梯梁之间的矩形梯板全部由踏步段构成，即踏步段两端均以梯梁为支座。凡是满足该条件的楼梯均可为 AT 型，如双跑楼梯（图 4-7、图 4-8），双分平行楼梯（图 4-9），交叉楼梯（图 4-10）和剪刀楼梯（图 4-11）等。

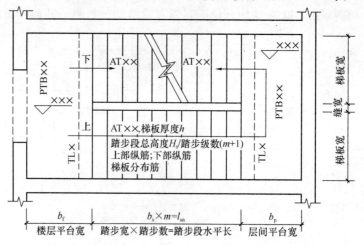

图 4-7　注写方式：▽×××—▽××× 楼梯平面

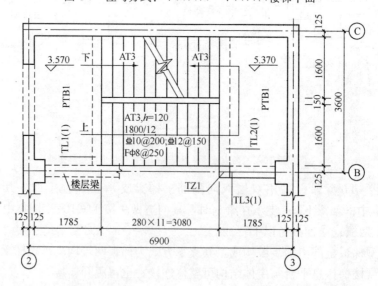

图 4-8　设计示例：▽ 3.570—▽ 5.370 楼梯平面

（2）AT 型楼梯平面注写方式如图 4-7 所示。其中：集中注写的内容有 5 项，第一项为梯板类型代号与序号 AT××；第二项为梯板厚度 h；第三项为踏步段总高度 H_s/踏步级数（$m+1$）；第四项为上部纵筋及下部纵筋；第五项为梯板分布筋。设计示例如图 4-8

118

所示。

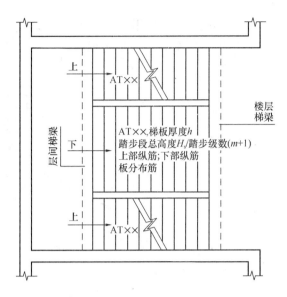

图 4-9　双分平行楼梯

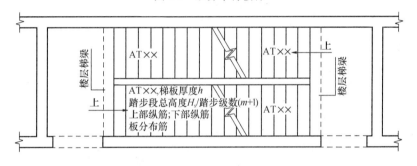

图 4-10　交叉楼梯（无层间平台板）

（3）梯板的分布钢筋可直接标注，也可统一说明。

（4）平台板 PTB、梯梁 TL、梯柱 TZ 配筋可参照 11G101-1 图集标注。

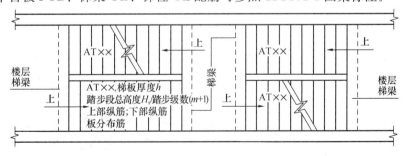

图 4-11　剪刀楼梯

13　AT 型楼梯板配筋构造措施有哪些?

（1）当采用 HPB300 级光面钢筋时，除梯板上部纵筋的跨内端头做 90°直角弯钩外，

所有末端应做 $180°$ 的弯钩。

（2）图 4-12 中上部纵筋锚固长度 $0.35l_{ab}$ 用于设计按铰接的情况，括号内数据 $0.6l_{ab}$ 用于设计考虑充分发挥钢筋抗拉强度的情况，具体工程中设计应指明采用何种情况。

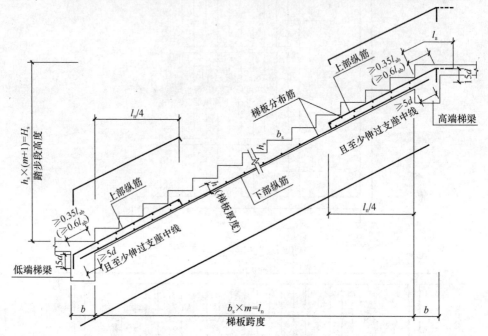

图 4-12　AT 型楼梯板配筋构造

l_n—梯板跨度；h—梯板厚度；b_s—踏步宽度；

h_s—踏步高度；H_s—踏步段高度；m—踏步数；b—支座宽度；

d—钢筋直径；l_{ab}—受拉钢筋基本锚固长度；l_a—受拉钢筋锚固长度

（3）上部纵筋有条件时可直接伸入平台板内锚固，从支座内边算起总锚固长度不小于 l_a，如图 4-12 中虚线所示。

（4）上部纵筋需伸至支座对边再向下弯折。

（5）踏步两头高度调整见 11G101-2 图集第 45 页。

14　BT 型楼梯平面注写方式与适用条件是什么？

（1）BT 型楼梯的适用条件：两梯梁之间的矩形梯板由低端平板和踏步段构成，两部分的一端各自以梯梁为支座。凡是满足该条件的楼梯均可为 BT 型，如双跑楼梯（图 4-13 及图 4-14），双分平行楼梯（图 4-15），交叉楼梯（图 4-16）和剪刀楼梯（图 4-17）等。

（2）BT 型楼梯平面注写方式如图 4-13 所示。其中：集中注写的内容有 5 项，第一项为梯板类型代号与序号 BT×ד；第二项为梯板厚度 h；第三项为踏步段总高度 H_s/踏步级数 $(m+1)$；第四项为上部纵筋及下部纵筋；第五项为梯板分布筋。设计示例如图 4-14 所示。

（3）梯板的分布钢筋可直接标注，也可统一说明。

（4）平台板 PTB、梯梁 TL、梯柱 TZ 配筋可参照 11G101-1 图集标注。

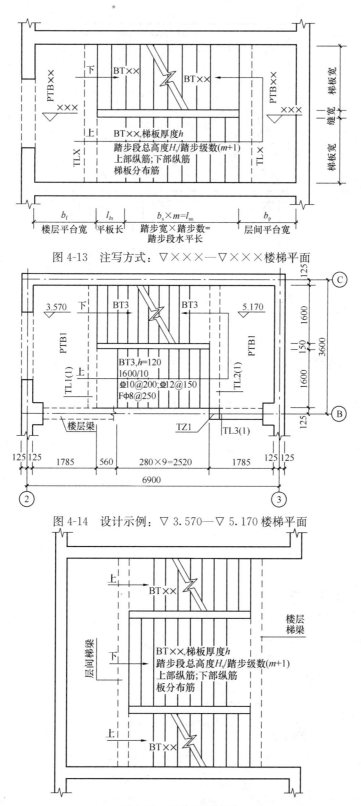

图 4-13 注写方式：▽×××—▽×××楼梯平面

图 4-14 设计示例：▽3.570—▽5.170楼梯平面

图 4-15 双分平行楼梯

121

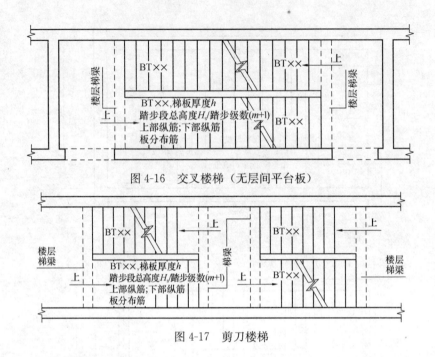

图 4-16 交叉楼梯（无层间平台板）

图 4-17 剪刀楼梯

15 BT 型楼梯板配筋构造措施有哪些?

（1）当采用 HPB300 级光面钢筋时，除梯板上部纵筋的跨内端头做 90°直角弯钩外，所有末端应做 180°的弯钩。

（2）图 4-18 中上部纵筋锚固长度 $0.35l_{ab}$ 用于设计按铰接的情况，括号内数据 $0.6l_{ab}$

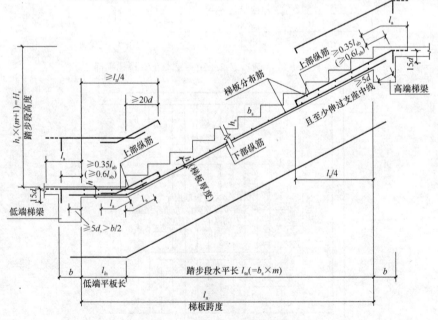

图 4-18 BT 型楼梯板配筋构造

l_n—梯板跨度；l_{sn}—踏步段水平长；h—梯板厚度；b_s—踏步宽度；h_s—踏步高度；H_s—踏步段高度；
m—踏步数；b—支座宽度；d—钢筋直径；l_{ab}—受拉钢筋基本锚固长度；l_a—受拉钢筋锚固长度；l_{ln}—低端平板长

用于设计考虑充分发挥钢筋抗拉强度的情况，具体工程中设计应指明采用何种情况。

（3）上部纵筋有条件时可直接伸入平台板内锚固，从支座内边算起总锚固长度不小于 l_a，如图 4-18 中虚线所示。

（4）上部纵筋需伸至支座对边再向下弯折。

（5）踏步两头高度调整见 11G101-2 图集第 45 页。

16 CT 型楼梯平面注写方式与适用条件是什么?

（1）CT 型楼梯的适用条件：两梯梁之间的矩形梯板由踏步段和高端平板构成，两部分的一端各自以梯梁为支座。凡是满足该条件的楼梯均可为 CT 型，如双跑楼梯（图 4-19 及图 4-20），双分平行楼梯（图 4-21），交叉楼梯（图 4-22）和剪刀楼梯（图 4-23）等。

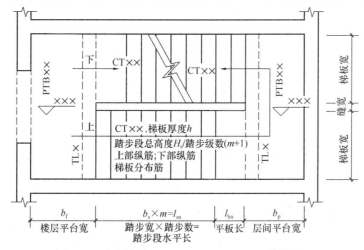

图 4-19　注写方式：▽×××—▽×××楼梯平面

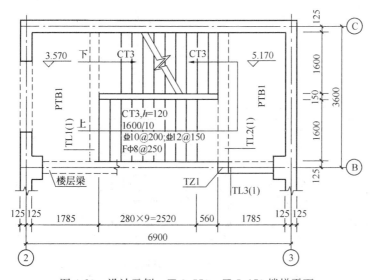

图 4-20　设计示例：▽ 3.570—▽ 5.170 楼梯平面

（2）CT型楼梯平面注写方式如图4-19所示。其中：集中注写的内容有5项，第一项为梯板类型代号与序号CT××；第二项为梯板厚度h；第三项为踏步段总高度H_s/踏步级数（$m+1$）；第四项为上部纵筋及下部纵筋；第五项为梯板分布筋。设计示例如图4-20所示。

（3）梯板的分布钢筋可直接标注，也可统一说明。

（4）平台板PTB、梯梁TL、梯柱TZ配筋可参照11G101-1图集标注。

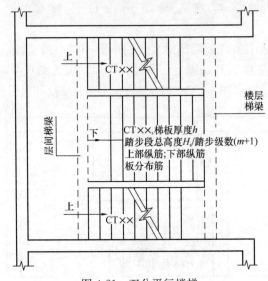

图4-21 双分平行楼梯

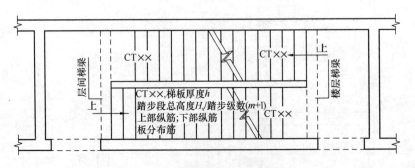

图4-22 交叉楼梯（无层间平台板）

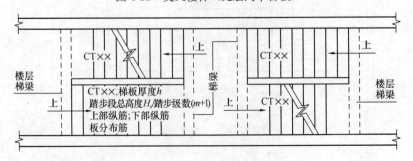

图4-23 剪刀楼梯

124

17 CT型楼梯板配筋构造措施有哪些?

(1) 当采用HPB300级光面钢筋时,除梯板上部纵筋的跨内端头做90°直角弯钩外,所有末端应做180°的弯钩。

(2) 图4-24中上部纵筋锚固长度$0.35l_{ab}$用于设计按铰接的情况,括号内数据$0.6l_{ab}$用于设计考虑充分发挥钢筋抗拉强度的情况,具体工程中设计应指明采用何种情况。

(3) 上部纵筋有条件时可直接伸入平台板内锚固,从支座内边算起总锚固长度不小于l_a,如图4-24中虚线所示。

(4) 上部纵筋需伸至支座对边再向下弯折。

(5) 踏步两头高度调整见11G101-2图集第45页。

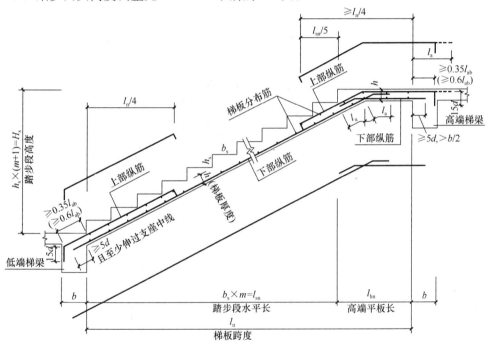

图4-24 CT型楼梯板配筋构造

l_n—梯板跨度;l_{sn}—踏步段水平长;h—梯板厚度;b_s—踏步宽度;

h_s—踏步高度;H_s—踏步段高度;m—踏步数;b—支座宽度;d—钢筋直径;

l_{ab}—受拉钢筋基本锚固长度;l_a—受拉钢筋锚固长度;l_{hn}—高端平板长

18 DT型楼梯平面注写方式与适用条件是什么?

(1) DT型楼梯的适用条件:两梯梁之间的矩形梯板由低端平板、踏步段和高端平板构成,高、低端平板的一端各自以梯梁为支座。凡是满足该条件的楼梯均可为DT型,如双跑楼梯(图4-25及图4-26),双分平行楼梯(图4-27),交叉楼梯(图4-28)和剪刀楼梯(图4-29)等。

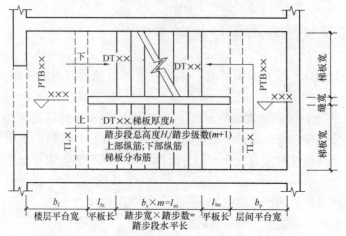

图 4-25　注写方式：▽×××—▽×××楼梯平面

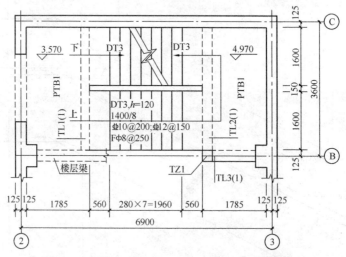

图 4-26　设计示例：▽ 3.570—▽ 4.970 楼梯平面

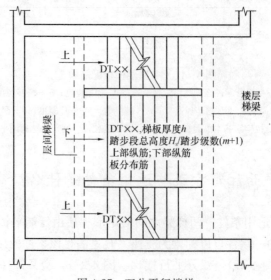

图 4-27　双分平行楼梯

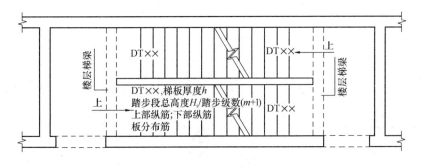

图 4-28 交叉楼梯（无层间平台板）

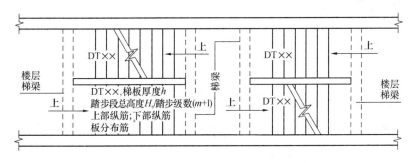

图 4-29 剪刀楼梯

（2）DT 型楼梯平面注写方式如图 4-25 所示。其中：集中注写的内容有 5 项，第一项为梯板类型代号与序号 DT××；第二项为梯板厚度 h；第三项为踏步段总高度 H_s/踏步级数（$m+1$）；第四项为上部纵筋及下部纵筋；第五项为梯板分布筋。设计示例如图 4-26 所示。

（3）梯板的分布钢筋可直接标注，也可统一说明。

（4）平台板 PTB、梯梁 TL、梯柱 TZ 配筋可参照 11G101-1 图集标注。

19 DT 型楼梯板配筋构造措施有哪些？

（1）当采用 HPB300 级光面钢筋时，除梯板上部纵筋的跨内端头做 90°直角弯钩外，所有末端应做 180°的弯钩。

（2）图 4-30 中上部纵筋锚固长度 $0.35l_{ab}$ 用于设计按铰接的情况，括号内数据 $0.6l_{ab}$ 用于设计考虑充分发挥钢筋抗拉强度的情况，具体工程中设计应指明采用何种情况。

（3）上部纵筋有条件时可直接伸入平台板内锚固，从支座内边算起总锚固长度不小于 l_a，如图 4-30 中虚线所示。

（4）上部纵筋需伸至支座对边再向下弯折。

（5）踏步两头高度调整见 11G101-2 图集第 45 页。

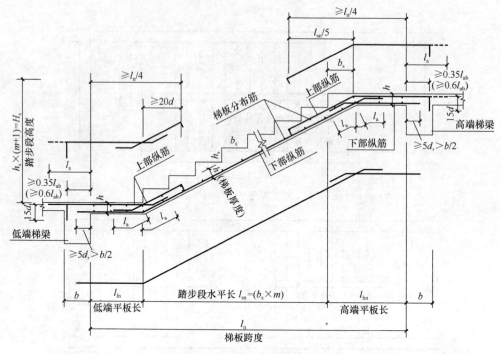

图 4-30 DT 型楼梯板配筋构造

l_n—梯板跨度；l_{sn}—踏步段水平长；h—梯板厚度；l_{ln}—低端平板长；b_s—踏步宽度；h_s—踏步高度；

H_s—踏步段高度；m—踏步数；b—支座宽度；d—钢筋直径；l_{ab}—受拉钢筋基本锚固长度；

l_a—受拉钢筋锚固长度；l_{hn}—高端平板长

20 ET 型楼梯平面注写方式与适用条件是什么？

(1) ET 型楼梯的适用条件：两梯梁之间的矩形梯板由低端踏步段、中位平板和高端踏步段构成，高、低端踏步段的一端各自以梯梁为支座。凡是满足该条件的楼梯均可为 ET 型。

(2) ET 型楼梯平面注写方式如图 4-31 所示。其中：集中注写的内容有 5 项，第一项为梯板类型代号与序号 ET××；第二项为梯板厚度 h；第三项为踏步段总高度 H_s/踏步

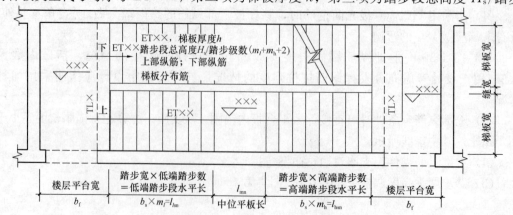

图 4-31 注写方式：▽×××—▽×××楼梯平面

级数 $(m_l + m_h + 2)$；第四项为上部纵筋及下部纵筋；第五项为梯板分布筋。设计示例如图 4-32 所示。

(3) 梯板的分布钢筋可直接标注，也可统一说明。

(4) 平台板 PTB、梯梁 TL、梯柱 TZ 配筋可参照 11G101-1 图集标注。

(5) ET 型楼梯为楼层间的单跑楼梯，跨度较大，一般情况下均应双层配筋。

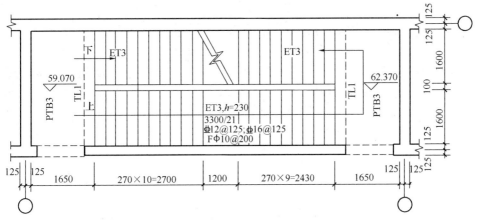

图 4-32 设计示例：▽ 59.070—▽ 62.370 楼梯平面

21 ET 型楼梯板配筋构造措施有哪些？

(1) 当采用 HPB300 级光面钢筋时，除梯板上部纵筋的跨内端头做 90°直角弯钩外，所有末端应做 180°的弯钩。

(2) 图 4-33 中上部纵筋锚固长度 $0.35l_{ab}$ 用于设计按铰接的情况，括号内数据 $0.6l_{ab}$

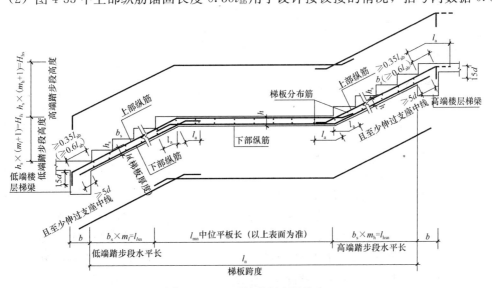

图 4-33 ET 型楼梯板配筋构造

l_n—梯板跨度；h—梯板厚度；l_{lsn}—低端踏步段水平长；l_{mn}—中位平板长；l_{hsn}—高端踏步段水平长；

b_s—踏步宽度；h_s—踏步高度；H_{ls}—低端踏步段高度；H_{hs}—高端踏步段高度；m_l—低端踏步数；

m_h—高端踏步数；b—支座宽度；d—钢筋直径；l_{ab}—受拉钢筋基本锚固长度；l_a—受拉钢筋锚固长度

用于设计考虑充分发挥钢筋抗拉强度的情况，具体工程中设计应指明采用何种情况。

（3）上部纵筋有条件时可直接伸入平台板内锚固，从支座内边算起总锚固长度不小于 l_a，如图 4-33 中虚线所示。

（4）上部纵筋需伸至支座对边再向下弯折。

（5）踏步两头高度调整见 11G101-2 图集第 45 页。

22 FT 型楼梯平面注写方式与适用条件是什么？

（1）FT 型楼梯的适用条件：矩形梯板由楼层平板、两跑踏步段与层间平板三部分构成，楼梯间内不设置梯梁，墙体位于平板外侧，楼层平板及层间平板均采用三边支承，另一边与踏步段相连；同一楼层内各踏步段的水平长相等，高度相等（即等分楼层高度）。凡是满足以上条件的可为 FT 型，双跑楼梯（图 4-34 及图 4-35）。

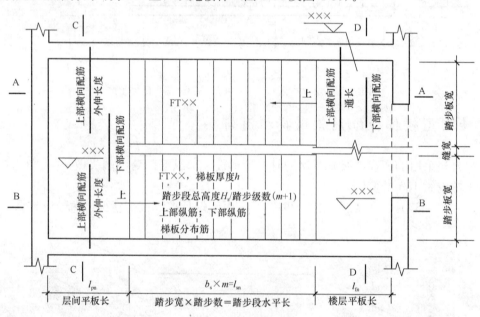

图 4-34　注写方式：∇×××－∇×××楼梯平面

（2）FT 型楼梯平面注写方式如图 4-34、图 4-35 所示。其中：集中注写的内容有 5 项：第一项为梯板类型代号与序号 FT××；第二项为梯板厚度 h，当平板厚度与梯板厚度不同时，板厚标注方式见 11G101-2 图集制图规则第 2.3.2 条；第三项为踏步段总高度 H_s/踏步级数（$m+1$）；第四项为梯板上部纵筋及下部纵筋；第五项为梯板分布筋（梯板分布钢筋也可在平面图中注写或统一说明）。原位注写的内容为楼层与层间平板上部横向配筋与外伸长度。当平板上部横向钢筋贯通配置时，仅需在一侧支座标注，并加注"通长"二字，对面一侧支座不注，如图 4-35 所示。

（3）图 4-34 中的剖面符号仅为表示后面标准构造详图的表达部位而设，在结构设计施工图中不需要绘制剖面符号及详图。

（4）A-A、B-B 剖面见 11G101-2 图集第 30、31 页，C-C、D-D 剖面见 11G101-2 图集

第 38 页。

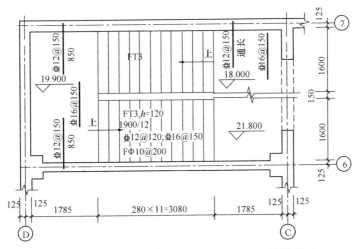

图 4-35 设计示例：▽18.000—▽21.800 楼梯平面

23 FT 型楼梯板配筋构造措施有哪些？

(1) 当采用 HPB300 级光面钢筋时，除梯板上部纵筋的跨内端头做 90°直角弯钩外，所有末端应做 180°的弯钩。

(2) 图 4-36、图 4-37 中上部纵筋锚固长度 $0.35l_{ab}$ 用于设计按铰接的情况，括号内数

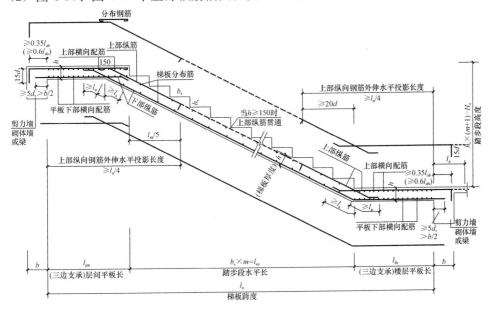

图 4-36 FT 型楼梯板配筋构造（A-A）

（楼层平板和层间平板均为三边支承）

l_n—梯板跨度；h—梯板厚度；l_{pn}—（三边支承）层间平板长；l_{sn}—踏步段水平长；l_{fn}—（三边支承）楼层平板长；b_s—踏步宽度；h_s—踏步高度；H_s—踏步段总高度；m—踏步数；b—支座宽度；d—钢筋直径；l_{ab}—受拉钢筋基本锚固长度；l_a—受拉钢筋锚固长度

131

据 $0.6l_{ab}$ 用于设计考虑充分发挥钢筋抗拉强度的情况，具体工程中设计应指明采用何种情况。

（3）上部纵筋有条件时可直接伸入平台板内锚固，从支座内边算起总锚固长度不小于 l_a，如图4-36、图4-37中虚线所示。

（4）上部纵筋需伸至支座对边再向下弯折。

（5）踏步两头高度调整见11G101-2图集第45页。

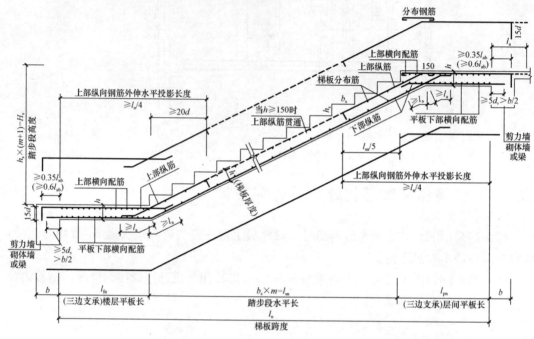

图4-37　FT型楼梯板配筋构造（B-B）

（楼层平板和层间平板均为三边支承）

l_n—梯板跨度；h—梯板厚度；l_{pn}—（三边支承）层间平板长；l_{sn}—踏步段水平长；l_{fn}—（三边支承）楼层平板长；b_s—踏步宽度；h_s—踏步高度；H_s—踏步段总高度；m—踏步数；b—支座宽度；d—钢筋直径；l_{ab}—受拉钢筋基本锚固长度；l_a—受拉钢筋锚固长度

24　GT型楼梯平面注写方式与适用条件是什么？

（1）GT型楼梯的适用条件：楼梯间内不设置梯梁，矩形梯板由楼层平板、两跑踏步段与层间平板三部分构成；楼层平板采用三边支承，另一边与踏步段的一端相连；层间平板采用单边支承，对边与踏步段的另一端相连，另外两相对侧边为自由边；同一楼层内各踏步段的水平长度相等，高度相等（即等分楼层高度）。凡是满足以上条件的均可为GT型，如双跑楼梯（图4-38及图4-39）、双分楼梯等。

（2）GT型楼梯平面注写方式如图4-38、图4-39所示。其中，集中注写的内容有5项：第一项为梯板类型代号与序号GT××；第二项为梯板厚度 h，当平板厚度与梯板厚度不同时，板厚标注方式见11G101-2图集制图规则第2.3.2条；第三项为踏步段总高度 H_s/踏步级数（$m+1$）；第四项为梯板上部纵筋及下部纵筋；第五项为梯板分布筋（梯板分布钢筋也可在平面图中注写或统一说明）。原位注写的内容为楼层与层间平板上部纵向与横向配筋，横向配筋的外伸长度。当平板上部横向钢筋贯通配置时，仅需在一侧支座标注，并加注"通长"二字，对面一侧支座不注，如图4-39所示。

（3）图4-38中的剖面符号仅为表示后面标准构造详图的表达部位而设，在结构设计施工图中不需要绘制剖面符号及详图。

（4）A-A、B-B剖面详见11G101-2图集33、34页，D-D剖面详见11G101-2图集第38页。

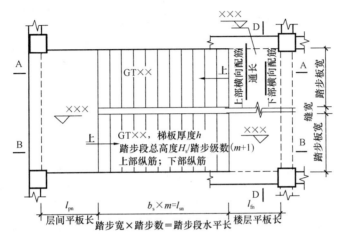

图4-38 注写方式：▽×××—▽×××楼梯平面

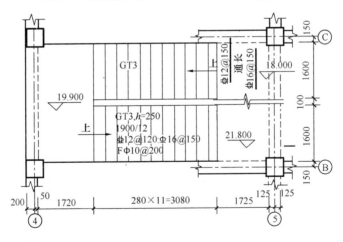

图4-39 设计示例：▽18.000—▽21.800楼梯平面

25 GT型楼梯板配筋构造措施有哪些？

（1）当采用HPB300级光面钢筋时，除梯板上部纵筋的跨内端头做90°直角弯钩外，所有末端应做180°的弯钩。

（2）图4-40、图4-41中上部纵筋锚固长度$0.35l_{ab}$用于设计按铰接的情况，括号内数据$0.6l_{ab}$用于设计考虑充分发挥钢筋抗拉强度的情况，具体工程中设计应指明采用何种情况。

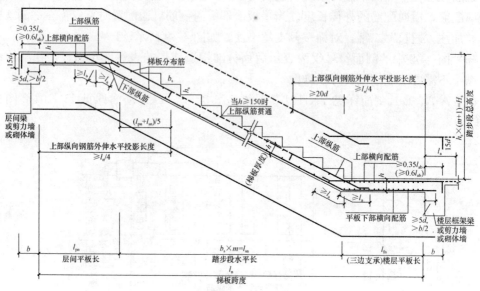

图 4-40　GT 型楼梯板配筋构造（A-A）

（楼层平板为三边支承，层间平板为单边支承）

l_n—梯板跨度；h—梯板厚度；l_{pn}—层间平板长；l_{sn}—踏步段水平长；l_{fn}—（三边支承）
楼层平板长；b_s—踏步宽度；h_s—踏步高度；H_s—踏步段总高度；m—踏步数；b—支座宽度；
d—钢筋直径；l_{ab}—受拉钢筋基本锚固长度；l_a—受拉钢筋锚固长度

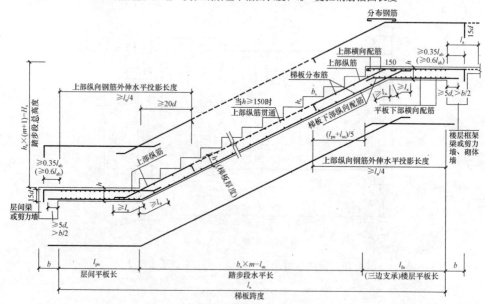

图 4-41　GT 型楼梯板配筋构造（B-B）

（楼层平板为三边支承，层间平板为单边支承）

l_n—梯板跨度；h—梯板厚度；l_{pn}—层间平板长；l_{sn}—踏步段水平长；l_{fn}—（三边支承）
楼层平板长；b_s—踏步宽度；h_s—踏步高度；H_s—踏步段总高度；m—踏步数；b—支座宽度；
d—钢筋直径；l_{ab}—受拉钢筋基本锚固长度；l_a—受拉钢筋锚固长度

（3）上部纵筋有条件时可直接伸入平台板内锚固，从支座内边算起总锚固长度不小于l_a，如图4-40、图4-41中虚线所示。

（4）上部纵筋需伸至支座对边再向下弯折。

（5）踏步两头高度调整见11G101-2图集第45页。

26 HT型楼梯平面注写方式与适用条件是什么？

（1）HT型楼梯的适用条件：楼梯间设置楼层梯梁，但不设置层间梯梁，矩形梯板由两跑踏步段与层间平台板两部分构成；层间平台板采用三边支承，另一边与踏步段的一端相连，踏步段的另一端以楼层梯梁为支座；同一楼层内各踏步段的水平长度相等，高度相等（即等分楼层高度）。凡是满足以上要求的可为HT型，如双跑楼梯（图4-42及图4-43），双分楼梯等。

（2）HT型楼梯平面注写方式如图4-42、图4-43所示。其中：集中注写的内容有5项：第一项为梯板类型代号与序号HT××；第二项为梯板厚度h，当平板厚度与梯板厚度不同时，板厚标注方式见11G101-2图集制图规则第2.3.2条；第三项为踏步段总高度H_s/踏步级数（$m+1$）；第四项为梯板上部纵筋及下部纵筋；第五项为梯板分布筋（梯板分布钢筋也可在平面图中注写或统一说明）。原位注写的内容为楼层与层间平板上部纵向与横向配筋，横向配筋的外伸长度。当平板上部横向钢筋贯通配置时，仅需在一侧支座标注，并加注"通长"二字，对面一侧支座不注，如图4-43所示。

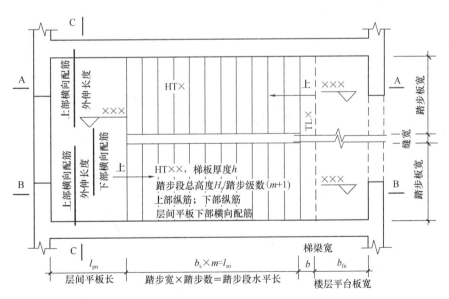

图4-42 注写方式：▽×××—▽×××楼梯平面

（3）图4-42中的剖面符号仅为表示后面标准构造详图的表达部位而设，在结构设计施工图中不需要绘制剖面符号及详图。

（4）A-A、B-B剖面详见11G101-2图集36、37页，C-C剖面详见11G101-2图集第38页。

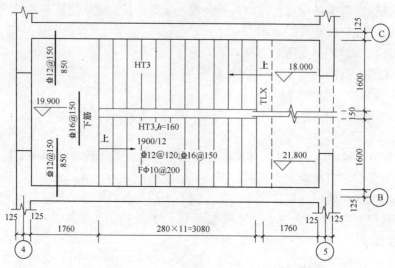

图 4-43　设计示例：▽18.000—▽21.800 楼梯平面

27　HT 型楼梯板配筋构造措施有哪些？

（1）当采用 HPB300 级光面钢筋时，除梯板上部纵筋的跨内端头做 90°直角弯钩外，所有末端应做 180°的弯钩。

（2）图 4-44、图 4-45 中上部纵筋锚固长度 $0.35l_{ab}$ 用于设计按铰接的情况，括号内数

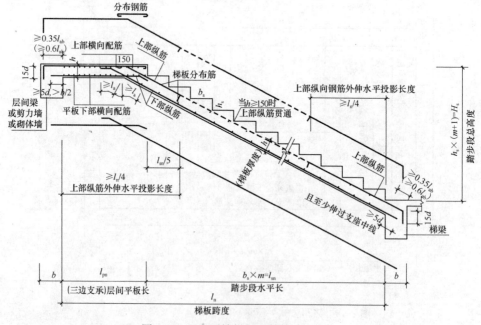

图 4-44　HT 型楼梯板配筋构造（A-A）

（层间平板为三边支承，踏步段楼层端为单边支承）

l_n—梯板跨度；h—梯板厚度；l_{pn}—（三边支承）层间平板长；l_{sn}—踏步段水平长；

b_s—踏步宽度；h_s—踏步高度；H_s—踏步段总高度；m—踏步数；b—支座宽度；

d—钢筋直径；l_{ab}—受拉钢筋基本锚固长度；l_a—受拉钢筋锚固长度

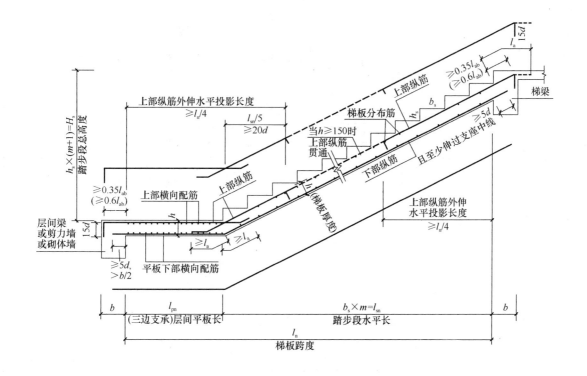

图 4-45　HT 型楼梯板配筋构造（B-B）

（层间平板为三边支承，踏步段楼层端为单边支承）

l_n—梯板跨度；h—梯板厚度；l_{pn}—（三边支承）层间平板长；l_{sn}—踏步段水平长；

b_s—踏步宽度；h_s—踏步高度；H_s—踏步段总高度；m—踏步数；b—支座宽度；

d—钢筋直径；l_{ab}—受拉钢筋基本锚固长度；l_a—受拉钢筋锚固长度

据 $0.6l_{ab}$ 用于设计考虑充分发挥钢筋抗拉强度的情况，具体工程中设计应指明采用何种情况。

（3）上部纵筋有条件时可直接伸入平台板内锚固，从支座内边算起总锚固长度不小于 l_a，如图 4-44、图 4-45 中虚线所示。

（4）上部纵筋需伸至支座对边再向下弯折。

（5）踏步两头高度调整见 11G101-2 图集第 45 页。

28. C-C，D-D 剖面楼梯平板配筋构造措施有哪些？

（1）C—C、D—D 用于 FT、GT、HT 型楼梯，剖面位置见 11G101-2 图集第 29、32、35 页。

（2）图 4-46、图 4-47 中上部纵筋锚固长度 $0.35l_{ab}$ 用于设计按铰接的情况，括号内数据 $0.6l_{ab}$ 用于设计考虑充分发挥钢筋抗拉强度的情况，具体工程中设计应指明采用何种情况。

137

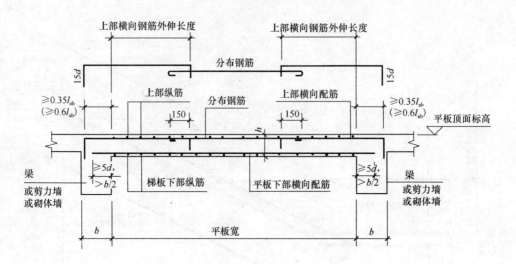

图 4-46　C-C 剖面楼梯平板配筋构造

b—支座宽度；d—钢筋直径；h—梯板厚度；l_{ab}—受拉钢筋基本锚固长度

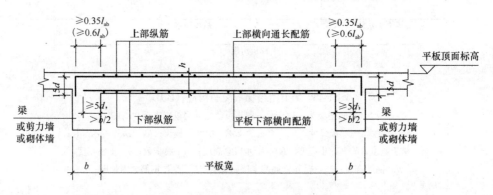

图 4-47　D-D 剖面楼梯平板配筋构造

b—支座宽度；d—钢筋直径；h—梯板厚度；l_{ab}—受拉钢筋基本锚固长度

29　ATa 型楼梯平面注写方式与适用条件是什么？

（1）ATa 型楼梯设滑动支座，如图 4-49 所示，不参与结构整体抗震计算；其适用条件：两梯梁之间的矩形梯板全部由踏步段构成，即踏步段两端均以梯梁为支座，且梯板低端支承处做成滑动支座，滑动支座直接落在梯梁上。框架结构中，楼梯中间平台通常设梯柱、梁，中间平台可与框架柱连接。

（2）ATa 型楼梯平面注写方式如图 4-48 所示。其中：集中注写的内容有 5 项，第一项为梯板类型代号与序号 ATa××；第二项为梯板厚度 h；第三项为踏步段总高度 H_s/踏步级数（m+1）；第四项为上部纵筋及下部纵筋；第五项为梯板分布筋。

（3）梯板的分布钢筋可直接标注，也可统一说明。

（4）平台板 PTB、梯梁 TL、梯柱 TZ 配筋可参照 11G101-1 图集标注。

（5）设计应注意：当 ATa 作为两跑楼梯中的一跑时，上下梯段平面位置错开一个踏步宽。

（6）滑动支座做法由设计指定，当采用与 11G101-2 图集不同的做法时由设计另行
给出。

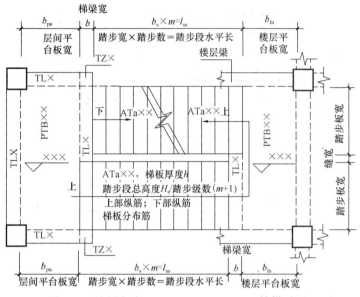

图 4-48 注写方式：▽×××—▽×××楼梯平面

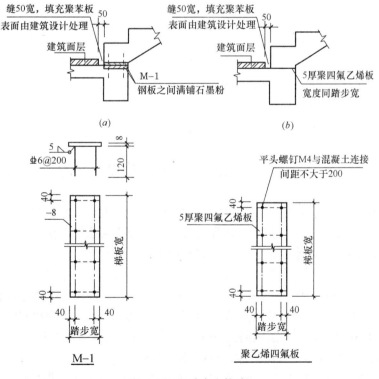

图 4-49 滑动支座构造

（a）预埋钢板；（b）设聚四氟乙烯垫板（梯段浇筑时应在垫板上铺塑料薄膜）

30 ATa 型楼梯板配筋构造措施有哪些?

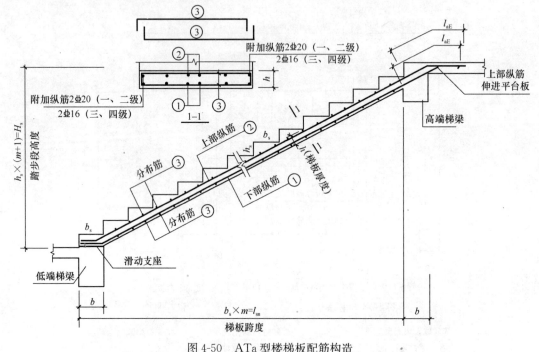

图 4-50 ATa 型楼梯板配筋构造

l_{sn}—梯板跨度; h—梯板厚度; b_s—踏步宽度; h_s—踏步高度;

H_s—踏步段高度; m—踏步数; b—支座宽度; l_{aE}—受拉钢筋抗震锚固长度

(1) 当采用 HPB300 级光面钢筋时,除梯板上部纵筋的跨内端头做 90°直角弯钩外,所有末端应做 180°的弯钩。

(2) 踏步两头高度调整见 11G101-2 图集第 45 页。

31 ATb 型楼梯平面注写方式与适用条件是什么?

(1) ATb 型楼梯设滑动支座,如图 4-52 所示,不参与结构整体抗震计算;其适用条件:两梯梁之间的矩形梯板全部由踏步段构成,即踏步段两端均以梯梁为支座,且梯板低端支承处做成滑动支座,滑动支座直接落在梯梁挑板上。框架结构中,楼梯中间平台通常设梯柱、梁,中间平台可与框架柱连接。

(2) ATb 型楼梯平面注写方式如图 4-51 所示。其中:集中注写的内容有 5 项,第一项为梯板类型代号与序号 ATb××;第二项为梯板厚度 h;第三项为踏步段总高度 H_s/踏步级数 ($m+1$);第四项为上部纵筋及下部纵筋;第五项为梯板分布筋。

(3) 梯板的分布钢筋可直接标注,也可统一说明。

(4) 平台板 PTB、梯梁 TL、梯柱 TZ 配筋可参照 11G101-1 图集标注。

(5) 滑动支座做法由设计指定,当采用与 11G101-2 图集不同的做法时由设计另行给出。

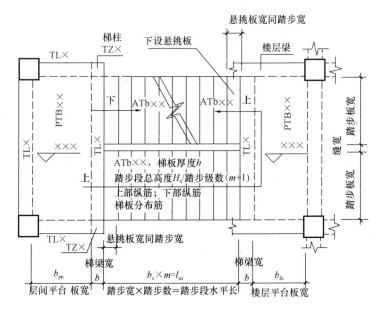

图 4-51 注写方式：▽×××—▽×××楼梯平面

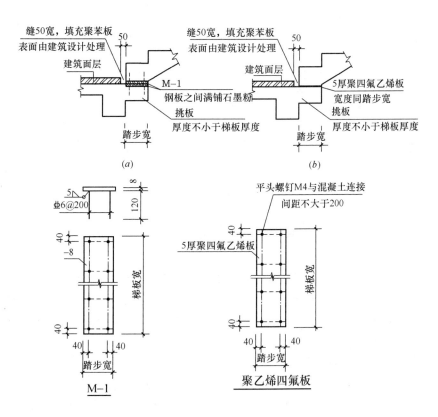

图 4-52 滑动支座构造

（a）预埋钢板；（b）设聚四氟乙烯垫板（梯段浇筑时在垫板上铺塑料薄膜）

32 ATb 型楼梯板配筋构造措施有哪些？

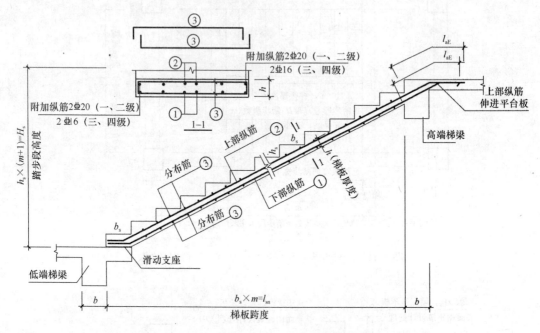

图 4-53 ATb 型楼梯板配筋构造

l_{sn}—梯板跨度；h—梯板厚度；b_s—踏步宽度；h_s—踏步高度；

H_s—踏步段高度；m—踏步数；b—支座宽度；l_{aE}—受拉钢筋抗震锚固长度

(1) 当采用 HPB300 级光面钢筋时，除梯板上部纵筋的跨内端头做 90°直角弯钩外，所有末端应做 180°的弯钩。

(2) 踏步两头高度调整见 11G101-2 图集第 45 页。

33 ATc 型楼梯平面注写方式与适用条件是什么？

(1) ATc 型楼梯用于抗震设计；其适用条件：两梯梁之间的矩形梯板全部由踏步段构成，即踏步段两端均以梯梁为支座。框架结构中，楼梯中间平台通常设梯柱、梯梁，中间平台可与框架柱连接（2 个梯柱形式）或脱开（4 个梯柱形式），如图 4-54、图 4-55 所示。

(2) ATc 型楼梯平面注写方式如图 4-54、图 4-55 所示。其中：集中注写的内容有 5 项，第一项为梯板类型代号与序号 ATc××；第二项为梯板厚度 h；第三项为踏步段总高度 H_s/踏步级数（$m+1$）；第四项为上部纵筋及下部纵筋；第五项为梯板分布筋。

(3) 梯板分布筋可直接标注，也可统一说明。

(4) 平台板 PTB、梯梁 TL、梯柱 TZ 配筋可参照 11G101-1 图集标注。

(5) 楼梯休息平台与主体结构脱开连接可避免框架柱形成短柱。

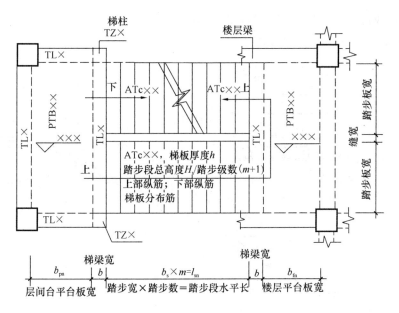

图 4-54 注写方式: ▽×××—▽×××楼梯平面
（楼梯休息平台与主体结构整体连接）

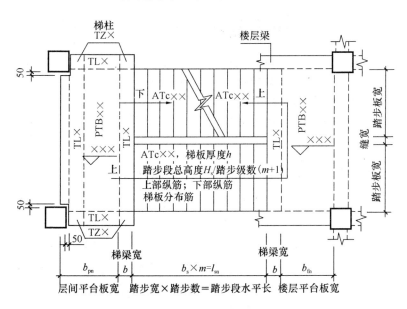

图 4-55 注写方式: ▽×××—▽×××楼梯平面
（楼梯休息平台与主体结构脱开连接）

34 ATc 型楼梯板配筋构造措施有哪些?

（1）当采用 HPB300 级光面钢筋时，除梯板上部纵筋的跨内端头做 90°直角弯钩外，所有末端应做 180°的弯钩。

（2）上部纵筋需伸至支座对边再向下弯折。

（3）踏步两头高度调整见 11G101-2 图集第 45 页。

（4）梯板拉结筋Φ6，拉结筋间距为 600mm。

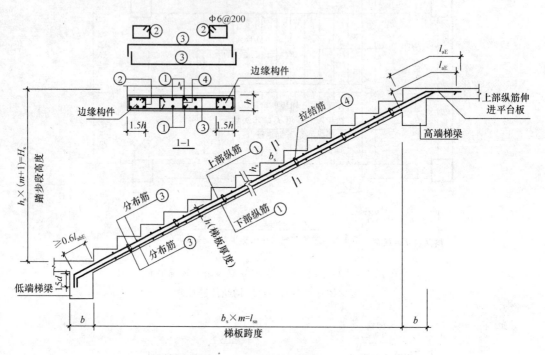

图 4-56　ATc 型楼梯板配筋构造

l_{sn}—梯板跨度；h—梯板厚度；b_s—踏步宽度；h_s—踏步高度；

H_s—踏步段高度；d—钢筋直径；m—踏步数；b—支座宽度；

l_{aE}—受拉钢筋抗震锚固长度；l_{abE}—受拉钢筋抗震基本锚固长度

35　不同踏步位置推高与高度减小构造有哪些?

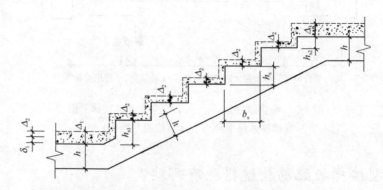

图 4-57　不同踏步位置推高与高度减小构造

δ_1—第一级与中间各级踏步整体竖向推高值；h_{s1}—第一级（推高后）踏步的结构高度；

h_{s2}—最上一级（减小后）踏步的结构高度；Δ_1—第一级踏步根部面层厚度；

Δ_2—中间各级踏步的面层厚度；Δ_3—最上一级踏步（板）面层厚度

由于踏步段上下两端板的建筑面层厚度不同，为使面层完工后各级踏步等高等宽，必须减小最上一级踏步的高度并将其余踏步整体斜向推高，整体推高的（垂直）高度值 $\delta_1 = \Delta_1 - \Delta_2$，高度减小后的最上一级踏步高度 $h_{s2} = h_s - (\Delta_3 - \Delta_2)$。

36 各型楼梯第一跑与基础连接构造有哪些?

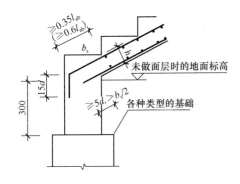

图 4-58 各型楼梯第一跑与基础连接构造一
h—梯板厚度；b_s—踏步宽度；
d—钢筋直径；l_{ab}—受拉钢筋
基本锚固长度

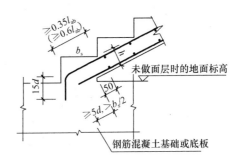

图 4-59 各型楼梯第一跑与基础连接构造二
h—梯板厚度；b_s—踏步宽度；
d—钢筋直径；l_{ab}—受拉钢筋
基本锚固长度

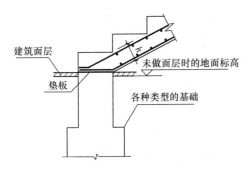

图 4-60 各型楼梯第一跑与
基础连接构造三
（用于滑动支座）
h—梯板厚度

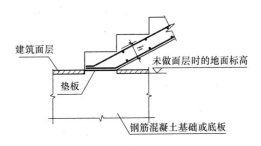

图 4-61 各型楼梯第一跑与
基础连接构造四
（用于滑动支座）
h—梯板厚度

（1）滑动支座做法参见 11G101-2 图集制图规则第 2.2.5 条。

（2）当梯板型号为 ATc 时，图中 l_{ab} 应改为 l_{abE}，下部纵筋锚固要求同上部纵筋。

37 举例说明楼梯施工图剖面注写方式

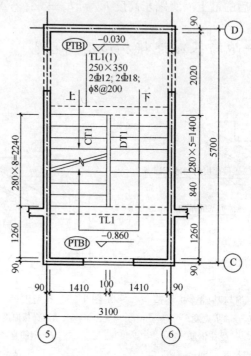

▽−0.860～−0.030楼梯平面图

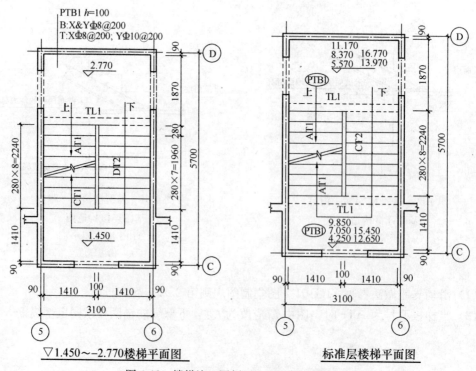

▽1.450～−2.770楼梯平面图

标准层楼梯平面图

图 4-62 楼梯施工图剖面注写示例（平面图）

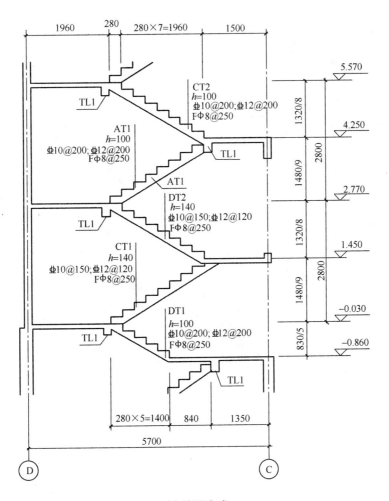

列表注写方式

梯板类型编号	踏步高度/踏步级数	板厚 h	上部纵筋	下部纵筋	分布筋
AT1	1480/9	100	⏀ 10@200	⏀ 12@200	Φ 8@250
CT1	1480/9	140	⏀ 10@150	⏀ 12@120	Φ 8@250
CT2	1320/8	100	⏀ 10@200	⏀ 12@200	Φ 8@250
DT1	830/5	100	⏀ 10@200	⏀ 12@200	Φ 8@250
DT2	1320/8	140	⏀ 10@150	⏀ 12@120	Φ 8@250

图 4-63 楼梯施工图剖面注写示例（剖面图）

注：本示例中梯板上部钢筋在支座处考虑充分发挥钢筋抗拉强度作用进行锚固。

147

38　举例说明 ATa 型楼梯施工图剖面注写方式

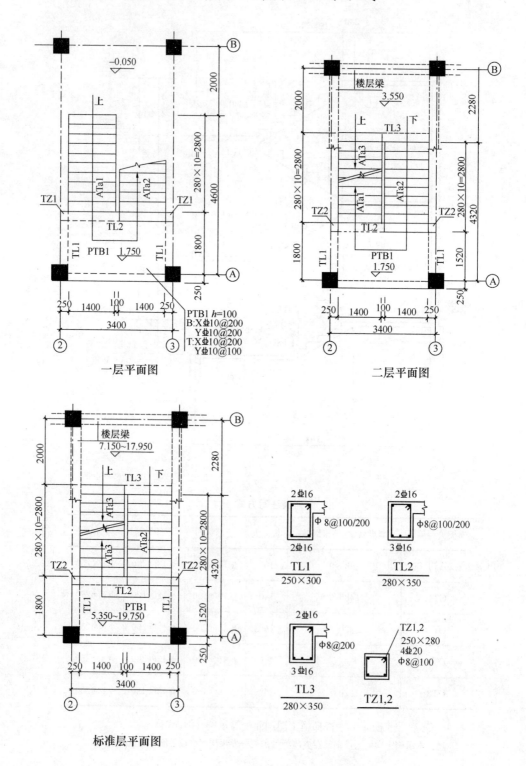

图 4-64　ATa 型楼梯施工图剖面注写示例（平面图）

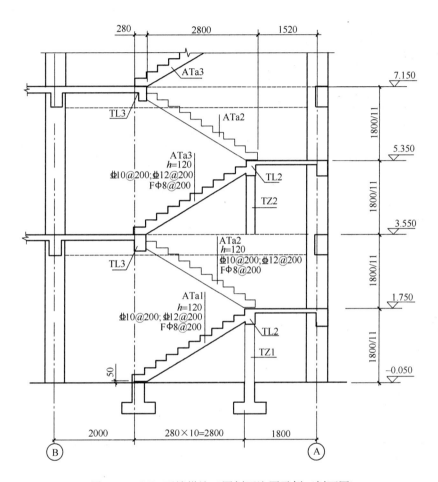

图 4-65 ATa 型楼梯施工图剖面注写示例（剖面图）

39 举例说明 ATb 型楼梯施工图剖面注写方式

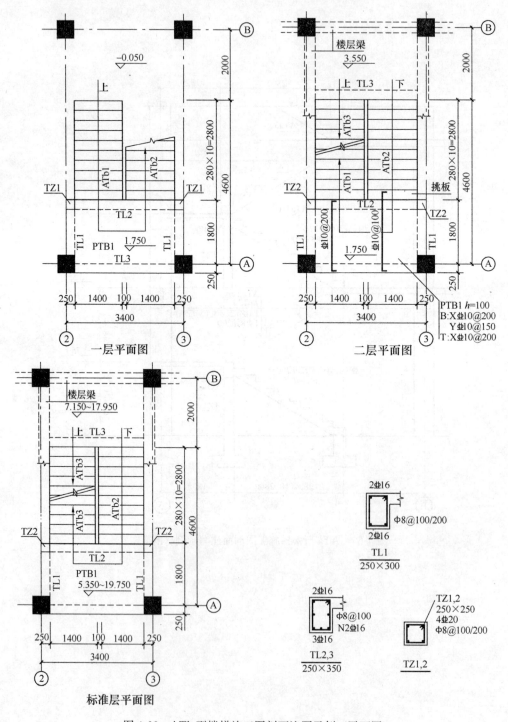

图 4-66 ATb 型楼梯施工图剖面注写示例（平面图）

150

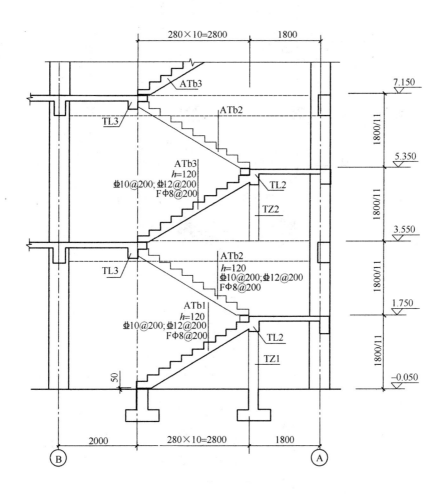

图 4-67　ATb 型楼梯施工图剖面注写示例（剖面图）

151

40 举例说明 ATc 型楼梯施工图剖面注写方式

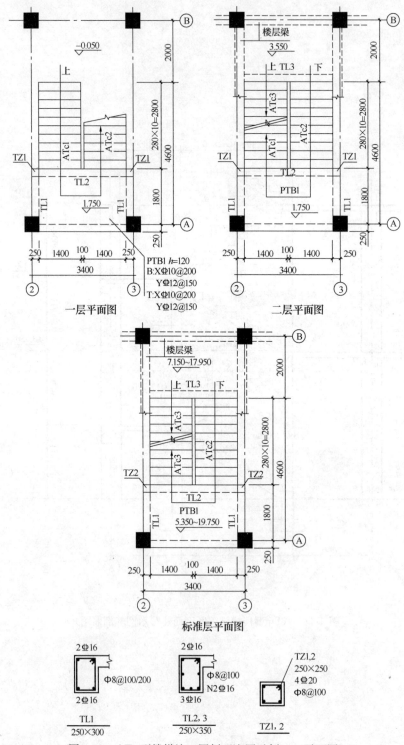

图 4-68 ATc 型楼梯施工图剖面注写示例一（平面图）

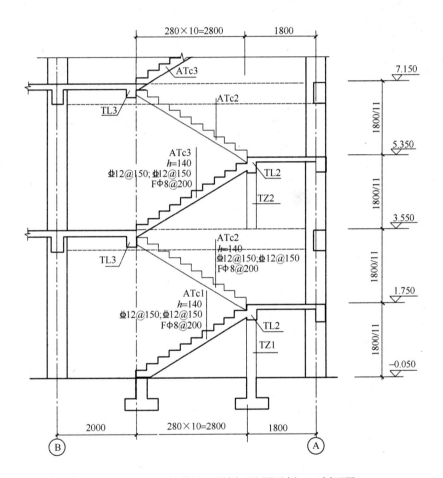

图 4-69 ATc 型楼梯施工图剖面注写示例二（剖面图）

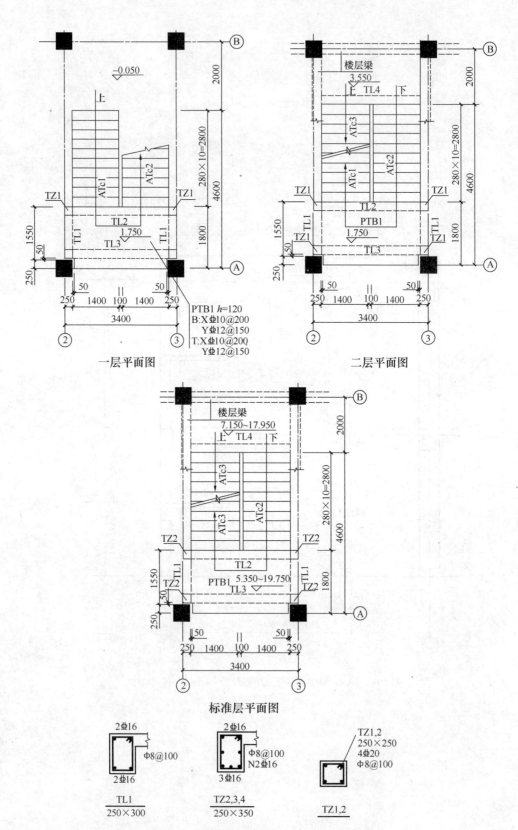

一层平面图

二层平面图

标准层平面图

$\dfrac{\text{TL1}}{250 \times 300}$ 2Φ16 2Φ16 Φ8@100

$\dfrac{\text{TL2,3,4}}{250 \times 350}$ 2Φ16 3Φ16 Φ8@100 N2Φ16

$\dfrac{\text{TZ1,2}}{}$ TZ1,2 250×250 4Φ20 Φ8@100

PTB1 h=120
B:XΦ10@200
YΦ12@150
T:XΦ10@200
YΦ12@150

图 4-70 ATc 型楼梯施工图剖面注写示例三(平面图)

154

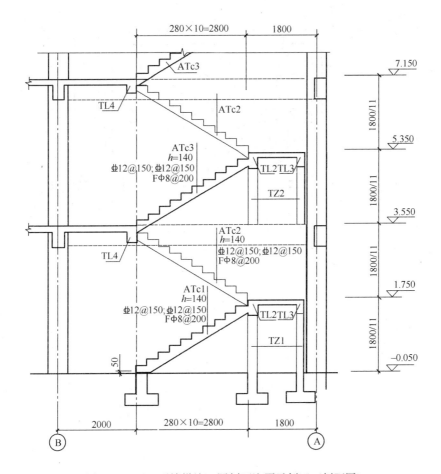

图 4-71　ATc 型楼梯施工图剖面注写示例四（剖面图）

41　AT 型楼梯钢筋如何计算？

【例 4-4】　AT1 的平面布置图如图 4-72 所示。混凝土强度等级为 C30，梯梁宽度 $b=$ 200mm。求 AT1 中各钢筋。

【解】

（1）AT1 楼梯板的基本尺寸数据

1）楼梯板净跨度 $l_n=3080$mm

2）梯板净宽度 $b_n=1600$mm

3）梯板厚度 $h=120$mm

4）踏步宽度 $b_s=280$mm

5）踏步总高度 $H_s=1800$mm

6）踏步高度 $h_s=1800/12=150$mm

（2）计算步骤

1）斜坡系数 $k=\sqrt{h_s^2+b_s^2}/b_s=\sqrt{150^2+280^2}/280=1.134$

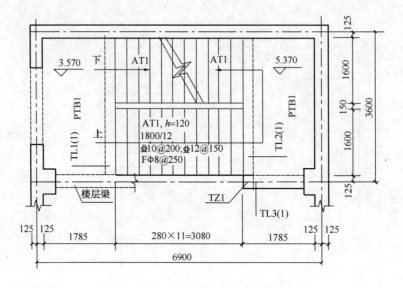

图 4-72　AT1 楼梯平面布置

2）梯板下部纵筋以及分布筋

① 梯板下部纵筋

$$长度\ l = l_n k + 2a = 3080 \times 1.134 + 2 \times \max(5d, b/2)$$
$$= 3080 \times 1.134 + 2 \times \max(5 \times 12, 200/2) = 3693\text{mm}$$

$$根数 = (b_n - 2c)/间距 + 1 = (1600 - 2 \times 15)/150 + 1 = 12\ 根$$

② 分布筋

$$长度 = b_n - 2c = 1600 - 2 \times 15 = 1570\text{mm}$$

$$根数 = (l_n k - 50 \times 2)/间距 + 1 = (3080 \times 1.134 - 50 \times 2)/250 + 1 = 15\ 根$$

3）梯板低端扣筋

$$l_1 = [l_n/4 + (b - c)]k = (3080/4 + 200 - 15) \times 1.134 = 1083\text{mm}$$

$$l_2 = 15d = 15 \times 10 = 150\text{mm}$$

$$h_1 = h - c = 120 - 15 = 105\text{mm}$$

$$分布筋长度 = b_n - 2c = 1600 - 2 \times 15 = 1570\text{mm}$$

$$梯板低端扣筋根数 = (b_n - 2c)/间距 + 1 = (1600 - 2 \times 15)/250 + 1 = 8\ 根$$

$$分布筋根数 = (l_n/4k)/间距 + 1 = (3080/4 \times 1.134)/250 + 1 = 5\ 根$$

4）梯板高端扣筋

$$h_1 = h - c = 120 - 15 = 105\text{mm}$$

$$l_1 = [l_n/4 + (b - c)]k = (3080/4 + 200 - 15) \times 1.134 = 1083\text{mm}$$

$$l_2 = 15d = 15 \times 10 = 150\text{mm}$$

$$每根高端扣筋长度 = 105 + 1083 + 150 = 1338\text{mm}$$

$$分布筋长度 = b_n - 2 \times c = 1600 - 2 \times 15 = 1570\text{mm}$$

$$梯板高端扣筋根数 = (b_n - 2c)/间距 + 1 = (1600 - 2 \times 15)/150 + 1 = 12\ 根$$

$$分布筋根数 = (l_n/4k)/间距 + 1 = (3080/4 \times 1.134)/250 + 1 = 5\ 根$$

上面只计算了一跑 AT1 的钢筋，一个楼梯间有两跑 AT1，因此，应将上述数据乘以 2。

42 ATc型楼梯钢筋如何计算？

【例4-5】 ATc3的平面布置图如图4-73所示。混凝土强度等级为C30，抗震等级为一级，梯梁宽度为 $b=200$mm。求ATc3中各钢筋。

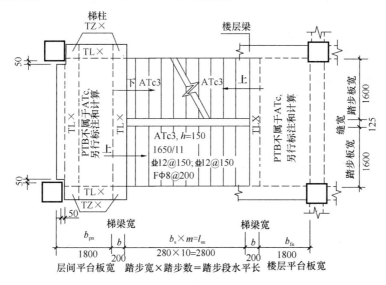

图4-73 ATc3楼梯平面布置

【解】

（1）ATc3楼梯板的基本尺寸数据

1）楼梯板净跨度 $l_{sn}=2800$mm

2）梯板净宽度 $b_n=1600$mm

3）梯板厚度 $h=150$mm

4）踏步宽度 $b_s=280$mm

5）踏步总高度 $H_s=1650$mm

6）踏步高度 $h_s=1650/11=150$mm

（2）计算步骤

1）斜坡系数 $k=\sqrt{h_s^2+b_s^2}/b_s=\sqrt{150^2+280^2}/280=1.134$

2）梯板下部纵筋和上部纵筋

$$下部纵筋长度=15d+(b-c+l_{sn})k+l_{aE}$$
$$=15\times12+(200-15+2800)\times1.134+40\times12$$
$$=4045\text{mm}$$

下部纵筋范围 $=b_n-2\times1.5h=1600-3\times150=1150$mm

下部纵筋根数 $=1150/150=8$ 根

本题的上部纵筋长度与下部纵筋相同。

上部纵筋长度 $=4045$mm

上部纵筋范围与下部纵筋相同。

上部纵筋根数＝1150/150＝8 根

3）梯板分布筋（③号钢筋）的计算（"扣筋"形状）

分布筋水平段长度＝b_n-2c＝1600－2×15＝1570mm

分布筋直钩长度＝$h-2c$＝150－2×15＝120mm

分布筋每根长度＝1570＋2×120＝1810mm

分布筋根数的计算：

分布筋设置范围＝$l_{sn}k$＝2800×1.134＝3175mm

分布筋根数＝3175/200＝16 根（这仅是上部纵筋的分布筋根数）

上下纵筋的分布筋总数＝2×16＝32 根

4）梯板拉结筋（④号钢筋）的计算

根据 11G101-2 图集第 44 页的注 4，梯板拉结筋 $\phi6$，间距 600mm。

拉结筋长度＝$h-2c+2d$＝150－2×15＋2×6＝132mm

拉结筋根数＝3175/600＝6 根（这是一对上下纵筋的拉结筋根数）

每一对上下纵筋都应该设置拉结筋（相邻上下纵筋错开设置）。

拉结筋总根数＝8×6＝48 根

5）梯板暗梁箍筋（②号钢筋）的计算

梯板暗梁箍筋为 $\Phi6@200$。

箍筋尺寸计算：（箍筋仍按内围尺寸计算）

箍筋宽度＝$1.5h-c-2d$＝1.5×150－15－2×6＝198mm

箍筋高度＝$h-2×c-2d$＝150－2×15－2×6＝108mm

箍筋每根长度＝（198＋108）×2＋26×6＝768mm

箍筋分布范围＝$l_{sn}k$＝2800×1.134＝3175mm

箍筋根数＝3175/200＝16 根（这是一道暗梁的箍筋根数）

两道暗梁的箍筋根数＝2×16＝32 根

6）梯板暗梁纵筋的计算

每道暗梁纵筋根数 6 根（一、二级抗震时），暗梁纵筋直径$\Phi12$（不小于纵向受力钢筋直径）。

两道暗梁的纵筋根数＝2×6＝12 根

本题的暗梁纵筋长度同下部纵筋。

暗梁纵筋长度＝4045mm

上面只计算了一跑 ATc3 楼梯的钢筋，一个楼梯间有两跑 ATc3 楼梯，两跑楼梯的钢筋要把上述钢筋数量乘以 2。

第 5 章　11G101-2 图集与 03G101-2 图集的不同之处

1　楼梯类型有哪些变化？

楼梯类型变化　　　　　　　　　　　　　　　　表 5-1

03G101-2 图集	11G101-2 图集				
	楼梯类型				
	梯板代号	适用范围		是否参与结构整体抗震计算	示意图所在页码
		抗震构造措施	适用结构		
第 2.2.2 条　第一组板式楼梯有 5 种类型，分别为 AT、BT、CT、DT、ET 型。第二组板式楼梯有 6 种类型，分别为 FT、GT、HT、JT、KT、LT 型。两组共 11 种楼梯类型的截面形状与支座位置示意图详见本图集第 10～14 页。该示意图供设计人员正确设计楼梯平法施工图时参考使用	AT	无	框架、剪力墙、砌体结构	不参与	11
	BT				
	CT	无	框架、剪力墙、砌体结构	不参与	12
	DT				
	ET	无	框架、剪力墙、砌体结构	不参与	13
	FT				
	GT	无	框架结构	不参与	14
	HT		框架、剪力墙、砌体结构		
	ATa	有	框架结构	不参与	15
	ATb			不参与	
	ATc			参与	

注：1. ATa 低端设滑动支座支承在梯梁上，ATb 低端设滑动支座支承在梯梁的挑板上。

2. ATa、ATb、ATc 均用于抗震设计，设计者应指定楼梯的抗震等级

此外，还有以下一些变化：

（1）11G101-2 图集中取消了原 03G101-2 图集中的 HT、JT、LT 三种类型的楼梯。

（2）11G101-2 图集中的 HT 型楼梯实际上就是 03G101-2 图集中的 KT 型楼梯。

（3）在 11G101-2 图集中新增了 ATa、ATb、ATc 三种类型的楼梯类型的楼梯截面形状与支座位置示意图，及其平面注写方式与适用条件，楼梯梯板配筋构造。

（4）取消的楼梯类型和支座方式如图 5-1～图 5-3 所示。

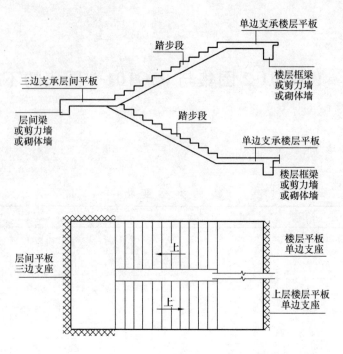

图 5-1　HT 型（有层间和楼层平板的双跑楼梯）

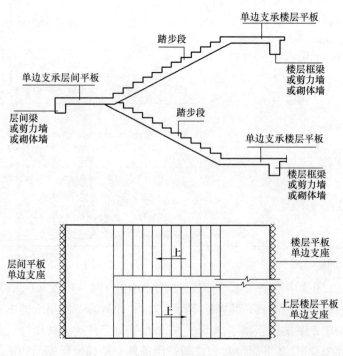

图 5-2　JT 型（有层间和楼层平板的双跑楼梯）

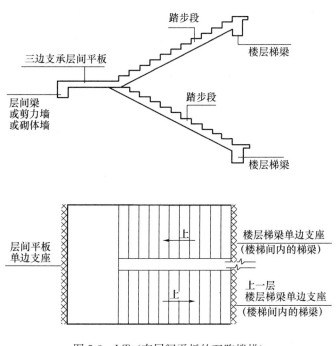

图 5-3　LT（有层间平板的双跑楼梯）

2　平法图集参数有哪些不同之处？

（1）03G101-2 图集保护层为受力钢筋的保护层，11G101-2 图集保护层为最外侧钢筋的保护层，且当混凝土强度等级不大于 C25 时，图集中的保护层数值应加 5mm。

（2）03G101-2 图集保护层受混凝土强度影响，11G101-2 图集不受混凝土强度影响。

（3）03G101-2 图集机械锚固有 3 种形式，11G101-2 图集增加至 6 种。

（4）03G101-2 图集没有并筋构造，11G101-2 图集增加并筋构造。

（5）03G101-2 图集拉筋应同时钩住纵筋及箍筋，11G101-2 给出 3 种做法由设计指定。

（6）环境类别条件描述，03G101-2 图集为 GB 50010—2002 版规范内容，11G101-2 图集为 GB 50010—2010 版规范内容。

（7）机械锚固长度，03G101-2 图集为 $0.7l_{aE}$，11G101-2 图集为基本锚固长度的 60%。

（8）机械锚固长度范围内设置箍筋，03G101-2 图集有规定，11G101-2 图集无规定。

（9）钢筋种类，03G101-2 图集主要包括热轧 HPB235 级、HRB335 级、HRB400 级和 RRB400 级钢筋 4 种。11G101-2 图集主要包括 HPB300 级、HRB335 级、HRB400 级、RRB400 级和 HRB500 级钢筋 5 种，并增加 HRBF335 级、HRBF400 级和 HRBF500 级 3 个细晶粒热轧钢筋种类，并取消环氧树脂涂层钢筋。

（10）锚固长度中的混凝土强度上限范围，03G101-2 图集为 C40，11G101-2 图集为 C60。

(11) 焊接封闭箍，03G101-2 图集没有，11G101-2 图集增加。

3 设计的抗震等级有何区别？

设计的抗震等级变化   表 5-2

03G101-2 图集	11G101-2 图集
本图集适用于现浇混凝土结构和砌体结构，所包含的具体内容为 9 种常用的现浇混凝土板式楼梯，均按非抗震构件设计	本图集适用于非抗震及抗震设防烈度为 6～9 度地区的现浇混凝土板式楼梯

4 适用条件有哪些变化？

适用条件变化   表 5-3

03G101-2 图集	11G101-2 图集
第 1.0.2 条　本图集制图规则适用于混凝土结构和砌体结构的现浇板式楼梯的施工图设计	1.0.2　本图集制图规则适用于现浇混凝土板式楼梯

5 注写方式有何不同？

注写方式变化   表 5-4

03G101-2 图集	11G101-2 图集
第 1.0.6 条　在平面布置图上表示现浇板式楼梯的尺寸和配筋，采用平面注写方式。 第 2.1.1 条　板式楼梯平法施工图（以下简称楼梯平法施工图）系在楼梯平面布置图上采用平面注写方式表达	1.0.5　梯板的平法注写方式包括平面注写、剖面注写和列表注写三种。平台板、梯梁及梯柱的平法注写方式参见国家建筑标准设计图集 11G101-1《混凝土结构施工图平面整体表示方法制图规则和构造详图（现浇混凝土框架、剪力墙、梁、板）》 2.1.1　现浇混凝土板式楼梯平法施工图有平面注写、剖面注写和列表注写三种表达方式，设计者可根据工程具体情况任选一种。 本图集制图规则主要表述梯板的表达方式，与楼梯相关的平台板、梯梁、梯柱的注写方式参见国家建筑标准设计图集 11G101-1《混凝土结构施工图平面整体表示方法制图规则和构造详图（现浇混凝土框架、剪力墙、梁、板）》

6 梯板的上部纵向钢筋的标注方式有何不同？

上部纵向钢筋的标注方式变化   表 5-5

03G101-2 图集	11G101-2 图集
1. AT～ET 型梯板的下部纵向钢筋由设计者按照 AT～ET 型楼梯平面注写方式注明；梯板支座端上部纵向钢筋按梯板下部纵向钢筋的 1/2 配置，且不小于 φ8@200；上部纵向钢筋自支座边缘向跨内延伸的水平投影长度统一取不小于 1/4 梯板净跨，设计不注；梯板的分布钢筋由设计者注写在楼梯平面图的图名下方。注意：本款规定仅适用于民用建筑楼梯，其跨中弯矩取完全简支计算结果的 80%。对于工业建筑楼梯，梯板支座端上部纵向钢筋的配置量与延伸长度应由设计者另行注明。 当梯板跨度较大，下部纵向钢筋的配置系由裂缝宽度或挠度控制，配筋率较高时，其支座端上部纵向配筋值以及向跨内延伸的长度应由设计者另行注明。 2. ET 型楼梯的低端平板或高端平板的净长、中位平板的位置及净长因具体工程而异，因此，当梯板上部纵向钢筋统一满足 1/4 梯板净跨的外伸长度值时，将会出现四种不同组合的配筋构造形式，施工人员应根据楼梯平法施工图中标注的几何尺寸，按照构造详图中的规定，选用相应的配筋构造形式进行施工	4. AT～ET 型梯板的型号、板厚、上下部纵向钢筋及分布钢筋等内容由设计者在平法施工图中注明。梯板上部纵向钢筋向跨内伸出的水平投影长度见相应的标准构造详图，设计不注，但设计者应予以校核；当标准构造详图规定的水平投影长度不满足具体工程要求时，应由设计者另行注明

7 新旧图集关于 FT～HT 类型楼梯的特征描述有何不同？

FT～HT 类型楼梯的特征描述变化   表 5-6

03G101-2 图集	11G101-2 图集
第 2.2.4 条　第二组 FT～LT 型板式楼梯具备以下特征： 1. FT～LT 每个代号代表两跑相互平行的踏步段和连接它们的楼层平板及层间平板。 2. FT～LT 型梯板的构成分两类： 第一类：包括 FT、GT、HT 和 JT 型，由层间平板、踏步段和楼层平板构成。采用 FT～JT 型梯板时，楼梯间内部不需要设置楼层梯梁及层间梯梁。 第二类：包括 KT 和 LT 型，由层间平板和踏步段构成。采用 KT 或 LT 型梯板时，楼梯间内部需要设置楼层梯梁及楼层平台板，但不需要设置层间梯梁及层间平台板	2.2.4　FT～HT 型板式楼梯具备以下特征： 1. FT～HT 每个代号代表两跑踏步段和连接它们的楼层平板及层间平板。 2. FT～HT 型梯板的构成分两类： 第一类：FT 型和 GT 型，由层间平板、踏步段和楼层平板构成。 第二类：HT 型，由层间平板和踏步段构成

8 新旧图集关于 FT~HT 类型楼梯的支承方式有何不同?

FT~HT 类型楼梯的支承方式变化   表 5-7

03G101-2 图集	11G101-2 图集

03G101-2 图集

3.FT~LT 型梯板的支承方式如下:

(1) FT 型梯板的支承方式为:梯板一端的层间平板采用三边支承,另一端的楼层平板也采用三边支承

(2) GT 型梯板的支承方式为:梯板一端的层间平板采用单边支承,另一端的楼层平板采用三边支承

(3) HT 型梯板的支承方式为:梯板一端的层间平板采用三边支承,另一端的楼层平板采用单边支承

(4) JT 型梯板的支承方式为:梯板一端的层间平板采用单边支承,另一端的楼层平板也采用单边支承

(5) KT 型梯板的支承方式为:梯板一端的层间平板采用三边支承,另一端的踏步段采用单边支承(在梯梁上)

(6) LT 型梯板的支承方式为:梯板一端的层间平板采用单边支承,另一端的踏步段也采用单边支承(在梯梁上)

FT~LT 型梯板支承方式表

梯板类型	层间平板端	踏步段端(在楼层高度)	楼层平板端
FT	三边支承		三边支承
GT	单边支承		三边支承
HT	三边支承		单边支承
JT	单边支承		单边支承
KT	三边支承	单边支承(在楼梯内的梯梁上)	
LT	单边支承	单边支承(在楼梯间内的梯梁上)	

11G101-2 图集

3.FT~HT 型梯板的支承方式如下:

(1) FT 型:梯板一端的层间平板采用三边支承,另一端的楼层平板也采用三边支承。

(2) GT 型:梯板一端的层间平板采用单边支承,另一端的楼层平板采用三边支承。

(3) HT 型:梯板一端的层间平板采用三边支承,另一端的梯板段采用单边支承(在梯梁上)。

以上各型梯板的支承方式见下表

FT~HT 型梯板支承方式

梯板类型	层间平板端	踏步段端(楼层处)	楼层平板端
FT	三边支承		三边支承
GT	单边支承		三边支承
HT	三边支承	单边支承(梯梁上)	

9 平面注写方式中集中标注的内容有哪些变化?

集中标注的内容变化　　　　　　　　　　　　　　　　　表 5-8

03G101-2 图集	11G101-2 图集
第2.3.2条　平面注写内容,包括集中标注和外围标注。集中标注表达梯板的类型代号及序号,梯板的竖向几何尺寸和配筋;外围标注表达梯板的平面几何尺寸以及楼梯间的平面尺寸。具体要求详见本图集"AT～JT型楼梯平面注写方式与适用条件"	2.3.2　楼梯集中标注的内容有五项,具体规定如下: 1. 梯板类型代号与序号,如 AT××。 2. 梯板厚度,注写为 $h=×××$。当为带平板的梯板且梯段板厚度和平板厚度不同时,可在梯段板厚度后面括号内以字母 P 打头注写平板厚度。 【例】$h=130$(P150),130 表示梯段板厚度,150 表示梯板平板段的厚度。 3. 踏步段总高度和踏步级数,之间以"/"分隔。 4. 梯板支座上部纵筋,下部纵筋,之间以";"分隔。 5. 梯板分布筋,以 F 打头注写分布筋具体值,该项也可在图中统一说明。 【例】平面图中梯板类型及配筋的完整标注示例如下(AT 型): AT1,$h=120$　梯板类型及编号,梯板板厚 1800/12　踏步段总高度/踏步级数 ϕ10@200;ϕ12@150　上部纵筋;下部纵筋 Fϕ8@250　梯板分布筋(可统一说明)

10 楼梯外围标注的内容有何不同?

楼梯外围标注的内容变化　　　　　　　　　　　　　　　表 5-9

03G101-2 图集	11G101-2 图集
第2.3.2条　平面注写内容,包括集中标注和外围标注。集中标注表达梯板的类型代号及序号,梯板的竖向几何尺寸和配筋;外围标注表达梯板的平面几何尺寸以及楼梯间的平面尺寸。具体要求详见本图集"AT～JT型楼梯平面注写方式与适用条件"	2.3.3　楼梯外围标注的内容,包括楼梯间的平面尺寸、楼层结构标高、层间结构标高、楼梯的上下方向、梯板的平面几何尺寸、平台板配筋、梯梁及梯柱配筋等

11 HT型楼梯截面形状和支座位置有何不同？

HT型楼梯截面形状和支座位置的变化　　　表5-10

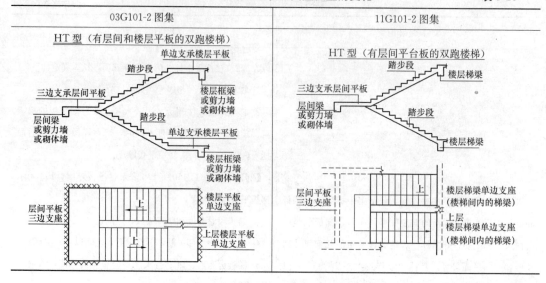

03G101-2图集	11G101-2图集
HT型（有层间和楼层平板的双跑楼梯）	HT型（有层间平台板的双跑楼梯）

12 AT型楼梯在11G101-2图集中新增加的内容有哪些？

AT型楼梯在11G101-2的集中标注中新增了上部钢筋和梯板分布筋的标注。

集中标注新增加内容　　　表5-11

03G101-2图集	11G101-2图集

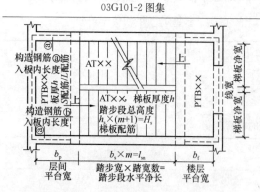

图1　注写方式　标高×××-标高×××楼梯平面图
梯板分布钢筋：××××××
平台板分布钢筋：××××××
注：楼层、层间平台板PTB注写方式与构造详见第48页。

2. AT型楼梯平面注写方式如图1所示。其中：集中注写的内容有4项，第一项为梯板类型代号与序号AT××，第二项为梯板厚度h，第三项为踏步段总高度$H_s[=h_s×(m+1)$，式中h_s为踏步高，$m+1$为踏步数目]，第四项为梯板配筋；梯板的分布钢筋注写在图名的下方。设计图示如图2所示

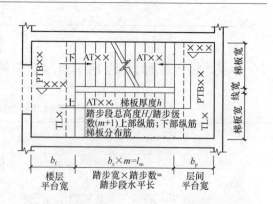

图1　注写方式▽×××-▽×××楼梯平面图

2. AT型楼梯平面注写方式如图1所示。其中：集中注写的内容有5项，第一项为梯板类型代号与序号AT××；第二项为梯板厚度h；第三项为踏步段总高度H_s/踏步级数（$m+1$）；第四项为上部纵筋及下部纵筋；第五项为梯板分布筋。设计示例如图2。

3. 梯板的分布钢筋可直接标注，也可统一说明

（1）底筋伸入支座的长度，在03G101-2图集中为$\max\{\geqslant 5d；\geqslant h\}$；在11G101-2图集中则只是满足$\geqslant 5d$就可以了。

（2）上部钢筋伸入支座的长度，在03G101-2图集中为$\geqslant 0.4l_a+15d$。在11G101-2图集中，上部钢筋的锚固长度按铰接和考虑充分发挥钢筋抗拉强度两种情况来分别设计锚固值。

1）按铰接的情况，伸入支座的平直段长度应不小于$0.35l_{ab}$，弯折段长度为$15d$。

2）按考虑充分发挥钢筋抗拉强度的情况，伸入支座的平直段长度应不小于$0.6l_{ab}$，弯折段长度为$15d$。

3）在11G101-2图集中增加说明第3条，上部纵筋有条件时可直接伸入平台板内锚固，从支座内边算起总锚固长度不小于l_a。

4）在11G101-2图集中增加说明第4条，上部纵筋需伸至支座对边再向下弯折。

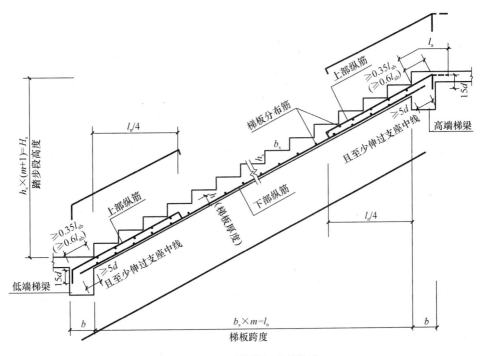

图 5-4　AT型楼梯板配筋构造

注：1. 当采用HPB300级光面钢筋时，除梯板上部纵筋的跨内端头做90°直角弯钩外，所有末端应做180°的弯钩。

2. 图中上部纵筋锚固长度$0.35l_{ab}$用于设计按铰接的情况，括号内数据$0.6l_{ab}$用于设计考虑充分发挥钢筋抗拉强度的情况，具体工程中设计应指明采用何种情况。

3. 上部纵筋有条件时可直接伸入平台板内锚固，从支座内边算起总锚固长度不小于l_a，如图中虚线所示。

4. 上部纵筋需伸至支座对边再向下弯折。

5. 踏步两头高度调整见11G101-2图集第45页。

13　ET型楼梯的构造有何不同?

（1）03G101-2图集中有4种构造，是分离式布置的。

（2）11G101-2图集中仅有1种构造，且是通长布置的双层双向钢筋。

（3）底筋伸入支座的长度在 03G101-2 图集中为 $\max\{\geqslant 5d；\geqslant h\}$；在 11G101-2 图集中则只有一个条件 $\geqslant 5d$ 就可以了。

（4）上部钢筋伸入支座的长度，在 03G101-2 图集中为 $\geqslant 0.4l_a + 15d$。在 11G101-2 图集中，上部钢筋的锚固长度按铰接和考虑充分发挥钢筋抗拉强度两种情况来分别设计锚固值。

1）按铰接的情况，伸入支座的平直段长度应不小于 $0.35l_{ab}$，弯折段长度为 $15d$。

2）按考虑充分发挥钢筋抗拉强度的情况，伸入支座的平直段长度应不小于 $0.6l_{ab}$，弯折段长度为 $15d$。

（5）在 11G101-2 图集中增加说明第 3 条，上部纵筋有条件时可直接伸入平台板内锚固，从支座内边算起总锚固长度不小于 l_a。

（6）在 11G101-2 图集中增加说明第 4 条，上部纵筋需伸至支座对边再向下弯折。

14 FT 型楼梯的注写方式有何不同？

FT 型楼梯的注写方式变化　　　　　　　　　　　　　　表 5-12

03G101-2 图集	11G101-2 图集
2.FT 型楼梯平面注写方式如图 1 与图 2 所示。其中：集中注写的内容有 5 项：（1）梯板类型代号与序号 FT××；（2）梯板厚度 h；（3）踏步段总高度 $H_s[= h_s \times (m+1)$，式中 h_s 为踏步高，$m+1$ 为踏步数目]；（4）梯板下部纵向配筋；（5）平板下部横向配筋。原位注写的内容为楼层与层间平板支座上部纵向与横向配筋，横向配筋的外伸长度。当平板上部横向钢筋贯通配置时，仅需在一侧支座标注，并加注"通长"二字，对面一侧支座不注，如图 2 所示。梯板的分布钢筋注写在图名的下方，设计示例如图 3 所示（图 1、图 2 中的截面符号仅为表示后面标准构造详图的表达部位而设，在结构设计施工图中不需要绘制截面符号及详图）	2.FT 型楼梯平面注写方式如图 1 与图 2 所示。其中：集中注写的内容有 5 项：第一项为梯板类型代号与序号 FT××；第二项为梯板厚度 h，当平板厚度与梯板厚度不同时，板厚标注方式见本图集制图规则第 2.3.2 条；第三项为踏步段总高度 H_s/踏步级数（$m+1$）；第四项为梯板上部纵筋及下部纵筋；第五项为梯板分布筋（梯板分布钢筋也可在平面图中注写或统一说明）。原位注写的内容为楼层与层间平板上部横向配筋与外伸长度。当平板上部横向钢筋贯通配置时，仅需在一侧支座标注，并加注"通长"二字，对面一侧支座不注，如图 2 所示

15 FT 型楼梯的构造有何不同？

（1）在 11G101-2 图集中，增加了当梯板厚度大于 150mm 时，上部纵向钢筋贯通的要求。在 03G101-2 图集中为分离式设置。

（2）下平台的上部纵向钢筋外伸水平投影长度在 03G101-2 图集中为 $\geqslant l_n/5$。而在 11G101-2 图集中为 $\geqslant l_n/4$，并规定折点到分离式钢筋端头弯折处的距离应 $\geqslant 20d$。

（3）上部钢筋伸入支座的长度，在 03G101-2 图集中为 $\geqslant 0.4l_a + 15d$。在 11G101-2 图集中，上部钢筋的锚固长度按铰接和考虑充分发挥钢筋抗拉强度两种情况来分别设计锚固值。

1）按铰接的情况，伸入支座的平直段长度应不小于 $0.35l_{ab}$，弯折段长度为 $15d$。

2）按考虑充分发挥钢筋抗拉强度的情况，伸入支座的平直段长度应不小于 $0.6l_{ab}$，

弯折段长度为 $15d$。

（4）在 11G101-2 图集中增加说明第 3 条，上部纵筋有条件时可直接伸入平台板内锚固，从支座内边算起总锚固长度不小于 l_a。

（5）在 11G101-2 图集中增加说明第 4 条，上部纵筋需伸至支座对边再向下弯折。

16 GT 型楼梯的注写方式有何不同？

GT 型楼梯的注写方式变化　　　　　　　　　表 5-13

03G101-2 图集	11G101-2 图集
2. GT 型楼梯平面注写方式如图 1 及图 2 所示。其中：集中注写的内容有 5 项：（1）梯板类型代号与序号 GT ××；（2）梯板厚度 h；（3）踏步段总高度 $H_s[=h_s \times (m+1)$，式中 h_s 为踏步高，$m+1$ 为踏步数目]；（4）梯板下部纵向配筋；（5）楼层平板下部横向配筋。原位注写的内容为楼层与层间平板支座上部纵向配筋，楼层平板支座上部横向配筋及外伸长度。当楼层平板上部横向钢筋贯通配置时，仅需在一侧支座标注，并加注"通长"二字，对面一侧支座不注，如图 2 所示。梯板的分布钢筋注写在图名的下方（图 1、图 2 中的截面符号仅为表示后面标准构造详图的表达部位而设，在结构设计施工图中不需要绘制截面符号及详图）	2. GT 型楼梯平面注写方式如图 1 与图 2 所示。其中，集中注写的内容有 5 项：第一项为梯板类型代号与序号 GT ××；第二项为梯板厚度 h，当平板厚度与梯板厚度不同时，板厚标注方式见本图集制图规则第 2.3.2 条；第三项为踏步段总高度 H_s/踏步级数 $(m+1)$；第四项为梯板上部纵筋及下部纵筋；第五项为梯板分布筋（梯板分布钢筋也可在平面图中注写或统一说明）。原位注写的内容为楼层与层间平板上部纵向与横向配筋，横向配筋的外伸长度。当平板上部横向钢筋贯通配置时，仅需在一侧支座标注，并加注"通长"二字，对面一侧支座不注，如图 2 所示

17 GT 型楼梯的构造有何不同？

（1）在 11G101-2 图集中，增加了当梯板厚度大于 150mm 时，上部纵向钢筋贯通的要求。在 03G101-2 图集中为分离式设置。

（2）下平台的上部纵向钢筋外伸水平投影长度在 03G101-2 图集中为 $\geq (l_n - 0.6l_{tn})/4$。而在 11G101-2 图集中为 $\geq l_n/4$，并规定折点到分离式钢筋端头弯折处的距离应 $\geq 20d$。

（3）上平台的上部纵向钢筋外伸水平投影长度在 03G101-2 图集中为 $\geq (l_n - 0.6l_{tn})/4$，而在 11G101-2 图集中为 $\geq l_n/4$，折点到分离式钢筋端头弯折处的距离不变，为 $l_{sn}/5$。

（4）上部钢筋伸入支座的长度，在 03G101-2 图集中为 $\geq 0.4l_a + 15d$。在 11G101-2 图集中，上部钢筋的锚固长度按铰接和考虑充分发挥钢筋抗拉强度两种情况来分别设计锚固值。

1）按铰接的情况，伸入支座的平直段的长度应不小于 $0.35l_{ab}$，弯折段长度为 $15d$。

2）按考虑充分发挥钢筋抗拉强度的情况，伸入支座的平直段长度应不小于 $0.6l_{ab}$，弯折段长度为 $15d$。

（5）在 11G101-2 图集中说明第 3 条，上部纵筋有条件时可直接伸入平台板内锚固，从支座内边算起总锚固长度不小于 l_a。

（6）在 11G101-2 图集中说明第 4 条，上部纵筋需伸至支座对边再向下弯折。

18 HT型楼梯的注写方式有何不同？

HT型楼梯的注写方式变化   表 5-14

03G101-2 图集	11G101-2 图集
2. HT型楼梯平面注写方式如图1及图2所示。其中：集中注写的内容有5项：（1）梯板类型代号与序号 HT ××；（2）梯板厚度 h；（3）踏步段总高度 $H_s[= h_s \times (m+1)$，式中 h_s 为踏步高，$m+1$ 为踏步数目]；（4）梯板下部纵向配筋；（5）层间平板下部横向配筋。原位注写的内容为楼层与层间平板支座上部纵向配筋，层间平板支座上部横向配筋及外伸长度。当层间平板上部横向配筋贯通配置时，仅需在一侧支座标注，并加注"通长"二字，对面一侧支座不注，如图2所示。梯板的分布钢筋注写在图名的下方（图1、图2中的截面符号仅为表示后面标准构造详图的表达部位而设，结构设计施工图中不需绘制截面符号及详图）	2. HT型楼梯平面注写方式如图1与图2所示。其中：集中注写的内容有5项：第一项为梯板类型代号与序号 HT××；第二项为梯板厚度 h，当平板厚度与梯板厚度不同时，板厚标注方式见本图集制图规则第2.3.2条；第三项为踏步段总高度 H_s/踏步级数（$m+1$）；第四项为梯板上部纵筋及下部纵筋；第五项为梯板分布筋（梯板分布钢筋也可在平面图中注写或统一说明）。原位注写的内容为楼层与层间平板上部纵向与横向配筋，横向配筋的外伸长度。当平板上部横向钢筋贯通配置时，仅需在一侧支座标注，并加注"通长"二字，对面一侧支座不注，如图2所示

19 HT型楼梯的构造有何不同？

（1）在11G101-2图集中，增加了当梯板厚度大于150mm时，上部纵向钢筋贯通的要求。在03G101-2图集中为分离式设置。

（2）下平台的上部纵向钢筋外伸水平投影长度在03G101-2图集中为 $\geqslant (l_n - 0.6l_{pn})/4$。而在11G101-2图集中为 $\geqslant l_n/4$。

（3）上平台的上部纵向钢筋外伸水平投影长度在03G101-2图集中仅注明上踏步边到分离式钢筋端头弯折处的距离为 $\geqslant l_{sn}/5$。而在11G101-2图集中为 $\geqslant l_n/4$ 与到分离式钢筋端头弯折处的距离 $l_{sn}/5$ 两个条件。

（4）上部钢筋伸入支座的长度，在03G101-2图集中为 $\geqslant 0.4l_a + 15d$。在11G101-2图集中，上部钢筋的锚固长度按铰接和考虑充分发挥钢筋抗拉强度两种情况来分别设计锚固值。

1）按铰接的情况，伸入支座的平直段长度应不小于 $0.35l_{ab}$，弯折段长度为 $15d$。

2）按考虑充分发挥钢筋抗拉强度的情况，伸入支座的平直段长度应不小于 $0.6l_{ab}$，弯折段长度为 $15d$。

（5）在11G101-2图集中增加说明第3条，上部纵筋有条件时可直接伸入平台板内锚固，从支座内边算起总锚固长度不小于 l_a。

（6）在11G101-2图集中增加说明第4条，上部纵筋需伸至支座对边再向下弯折。

20 楼梯平板的构造有何不同？

（1）在11G101-2图集中取消了原03G101-2图集中的 E-E 剖面楼梯平板配筋构造。

（2）11G101-2 图集明确 C-C、D-D 剖面用于 FT、GT 和 HT 型楼梯。

（3）上部钢筋伸入支座的长度，在 03G101-2 图集中为 $\geqslant 0.4l_a+15d$。在 11G101-2 图集中，上部钢筋的锚固长度按铰接和考虑充分发挥钢筋抗拉强度两种情况来分别设计锚固值。

1）按铰接的情况，伸入支座的平直段长度应不小于 $0.35l_{ab}$，弯折段长度为 $15d$。

2）按考虑充分发挥钢筋抗拉强度的情况，伸入支座的平直段长度应不小于 $0.6l_{ab}$，弯折段长度为 $15d$。

参 考 文 献

[1] 中国建筑标准设计研究院. 11G101-1 混凝土结构施工图平面整体表示方法制图规则和构造详图（现浇混凝土框架、剪力墙、梁、板）[S]. 北京：中国计划出版社，2011.

[2] 中国建筑标准设计研究院. 11G101-2 混凝土结构施工图平面整体表示方法制图规则和构造详图（现浇混凝土板式楼梯）[S]. 北京：中国计划出版社，2011.

[3] 中国建筑标准设计研究院. 11G101-3 混凝土结构施工图平面整体表示方法制图规则和构造详图（独立基础、条形基础、筏形基础及桩基承台）[S]. 北京：中国计划出版社，2011.

[4] 中国建筑标准设计研究院. 12G901-2 混凝土结构施工钢筋排布规则与构造详图（现浇混凝土板式楼梯）[S]. 北京：中国计划出版社，2012.

[5] 中国建筑标准设计研究院. 13G101-11 G101 系列图集施工常见问题答疑图解[S]. 北京：中国计划出版社，2013.

[6] 中国建筑科学研究院. GB 50010—2010 混凝土结构设计规范[S]. 北京：中国建筑工业出版社，2011.

[7] 中国建筑科学研究院. GB 50011—2010 建筑抗震设计规范[S]. 北京：中国建筑工业出版社，2010.

[8] 上官子昌. 平法钢筋识图与计算细节详解[M]. 北京：机械工业出版社，2011.

[9] 赵荣. G101 平法钢筋识图与算量[M]. 北京：中国建筑工业出版社，2010.

[10] 高竞. 平法结构钢筋图解读[M]. 北京：中国建筑工业出版社，2009.